JA相談事例集
貯金取引

桜井達也（協同セミナー 常務取締役）監修

経済法令研究会

はしがき

　本書は，信用事業の基本的な法務知識を体系的な解説書等で学習された人達が，より高度で複雑な相談事例に対応できるように，という趣旨で企画し，ＪＡや信連で実際に受け付けたケースを中心に，全72項目を取り上げ，これを読みやすくかつわかりやすいように，「質問」→「実務対応」→「解説」の順に配列してまとめた，実践向けの実務書です。

　本書は，1996年9月に初版を発刊して以来，読者の皆様のご好評を得て版を重ねてまいりました。今般，実務に直結する内容はそのままに，その後の法令，制度などの改正点を盛り込んで最新の内容に全面改訂するとともに事例の追加等も行い，『ＪＡ相談事例集　貯金取引』として刊行することといたしました。とくに，今回は，株式会社協同セミナー常務取締役である桜井達也氏の監修と協力を得て，現在ＪＡバンクで進めている，商品・事務の統一化の動きを踏まえた内容に改めました。したがって，本書は，ＪＡバンクの実務に沿った内容になったものと考えております。

　本書が皆様の自己啓発や日々の業務の参考書として，一層活用いただけるよう願ってやみません。

2012年9月吉日

経法ビジネス出版株式会社

目次

第1章 貯金取引の開始・受入れ

1. 暴力団・反社会的勢力との取引排除……………………………… 2
2. 普通貯金取引と取引先の本人確認方法…………………………… 9
3. 未成年者との総合口座取引………………………………………17
4. 同一人による複数の総合口座取引………………………………22
5. 連名による普通貯金口座の開設…………………………………25
6. 株式会社支店との普通貯金取引…………………………………29
7. 新規の利用者からの当座勘定取引の申込み……………………32
8. 外国人からの普通貯金取引の申込み……………………………38
9. 受任弁護士が委任事務処理費用の前払金により開設した
   普通貯金の帰属……………………………………………………41
10. 線引小切手の貯金口座受入れ……………………………………46
11. 白地手形の貯金口座受入れと白地の補充………………………49
12. 手形要件や裏書に訂正のある手形の貯金受入れ………………54
13. 先日付小切手の入金・取立の時期………………………………57
14. 当店券による入金の取消し………………………………………59

第2章 貯金の管理

15. キャッシュカードの発行申込み受付時の留意点……………66
16. 貸越極度額を超過した総合口座の取扱い………………74
17. 普通貯金から当座勘定への口座振替契約………………81
18. グループの貯金の代表者の変更……………………84
19. 株式会社の代表取締役の変更………………………87
20. 届出印の紛失による改印手続………………………93
21. 2人連れ立っての口座開設と紛失証書の再発行手続………98
22. 弁護士会からの取引先の貯金取引状況の照会…………… 102
23. 税務署による任意調査と対応………………………… 106
24. 警察署からの取引先の貯金取引状況の照会…………… 109
25. 貸越残高がある総合口座の残高証明書………………… 111
26. 依頼返却の申出を受けた小切手の返却………………… 114
27. 自己宛小切手の発行依頼人からの紛失届……………… 119

第3章 貯金の譲渡・差押え・相続

28. 定期貯金の譲渡承諾依頼と承諾手続…………………… 128

29.	相続人に対する相続貯金の残高証明書の発行………………	133
30.	共同相続人の1人からの相続貯金の取引経過等の開示請求…	138
31.	口座振替の取扱いのある貯金者の死亡………………………	143
32.	相続させる旨の遺言がある場合の相続貯金の払戻し………	148
33.	公正証書遺言による受遺者の貯金名義の変更請求…………	154
34.	貯金に対する債権差押命令の送達……………………………	158
35.	来店した税務署員による貯金の差押え………………………	163
36.	貯金の差押えの他店券による入金分への効力………………	166
37.	総合口座の担保定期貯金に対する差押え……………………	169
38.	自動継続定期貯金に対する仮差押え…………………………	173
39.	年金受取口座の貯金の差押えの効力…………………………	176
40.	民事再生法による保全処分命令と呈示された手形の不渡事由…	180

第4章 貯金の解約・払戻し・消滅時効

41.	高齢者に対する貯金の払戻し…………………………………	186
42.	口座開設店以外の店舗での払戻しと注意義務………………	191
43.	無通帳・無印鑑による便宜支払………………………………	197
44.	証書・届出印の所持人に対する定期貯金の中途解約………	200
45.	互いに貯金者と主張する夫婦の一方からの解約請求………	203
46.	誤振込による貯金の成否と口座名義人に対する払戻し……	207
47.	貯金者の家族からの定期貯金の中途解約の依頼……………	213

48. 死亡した貯金者の葬儀費用のための払戻し……………… 217
49. 個人商店の営業主の死亡と経理担当者の貯金取引代理権…… 221
50. 遺産分割前の共同相続人の1人からの払戻請求…………… 226
51. 遺産分割協議成立後の貯金の払戻し……………………… 232
52. JAの都合による普通貯金取引の一方的解約 ……………… 237
53. 不当な要求を繰り返す普通貯金取引先の口座解約………… 240
54. 犯罪利用の疑いのある普通貯金の取扱い………………… 245
55. 振り込め詐欺の被害者への被害回復分配金の支払………… 251
56. 消滅時効期間経過後の定期貯金の払戻請求……………… 258
57. 自動継続定期貯金の消滅時効と雑益編入………………… 263
58. 偽造カードによるATMからの払戻しがなされた場合の対応… 268
59. 盗難通帳等によって窓口で払戻しがなされた場合の対応……… 274
60. 見知らぬ来店者からの線引小切手の支払請求…………… 279
61. 契約違反を理由とする手形の支払差止めの依頼…………… 282
62. 金額の主記と複記が相違する小切手の支払……………… 285
63. 当座取引解約に伴う未使用手形・小切手用紙の回収………… 288

第5章 非課税貯蓄

64. 宗教法人名義の貯金と源泉徴収…………………………… 292
65. 公立学校名義貯金の利子課税……………………………… 294
66. 非課税貯蓄申告の無効と利子課税………………………… 297

67. 長期間預入れがない非課税貯蓄申告書の取扱い……………… 304
68. マル優貯金者の死亡と利子課税……………………………… 307
69. 貯金者のマル優利用資格の喪失……………………………… 312
70. 非課税限度額を超過した財形住宅貯金……………………… 316
71. 非課税限度額を超過した財形年金貯金……………………… 319
72. 財形住宅貯金払出し時の確認事項…………………………… 321

【参考資料】 銀行取引約定書に盛り込む暴力団排除条項参考例の一部改正……………………………………………… 325

《コラム》

◎窓口一寸事件・24

◎暴力団等との対応要領10か条・37

◎成年後見人等の就任と届出・80

◎いきなり強制捜査・108

◎英文の残高証明書・113

◎「相続させる」旨の遺言の最高裁判決・153

◎税滞納による貯金差押えをＪＡが否認？・157

◎印鑑照合の方法，今昔・196

◎民事上の考え方と刑事上の考え方・212

◎貯金払戻請求事件は欠席裁判・236

◎古い預金通帳を持参した方への対応・262

◎約束手形になされた特定線引・281

> # 第 1 章

貯金取引の開始・受入れ

第1章 貯金取引の開始・受入れ

1．暴力団・反社会的勢力との取引排除

質問

　最近，暴力団，暴力団関係者等その他の反社会的勢力との取引を防ぐため，新規口座開設時に反社会的勢力の関係者か否かの確認をしなければならなくなりました。そのため，新規の口座開設に時間がかかり，利用者から苦情をいわれることもあります。
　どうしてそのようなことまでしなければいけないのでしょうか。貯金規定に暴力団等排除条項もあるので，事後速やかに確認して，該当した場合に強制解約すればよいと思うのですが，どうしてそれではいけないのですか。

実務対応

　企業の社会的責任として，暴力団や暴力団関係者，その他の反社会的勢力（以下「暴力団等」といいます）との関係を遮断することがきわめて重要なことであり，とくに公共性を有し経済的に重要な機能を有するＪＡにとっては，暴力団等を取引から排除していくことが求められています。それには，暴力団等との取引を開始しないことが一番簡単で，一番大切なことだからです。
　貯金取引開始時にデータベース等を活用して暴力団等でないかを確認することが事務手続等に盛り込まれているのは，このような理由からです。利用者にお待ちいただくのは心苦しいですが，データベース

2

1．暴力団・反社会的勢力との取引排除

などによる確認の仕方の工夫などで作業の効率化を図り，対応するようにしましょう。

　なお，時間がかかることに苦情をいう利用者には，「取引開始にあたって定められた審査を実施しておりますので，しばらくお待ちください」など，暴力団等ではないかの確認をしているとはっきりいわない方がよいでしょう。

　また，確認の結果，取引申込者が暴力団等であることが判明した場合には，マニュアル等に従い，取引申込者を別室に案内し，役席者など複数の職員で対応します。この場合，理由はいっさいいわずに，取引申込者が何をいっても，ただ「取引をできかねます」と繰り返すことが重要です。

解説

●暴力団等との関係排除はＪＡの社会的責任

　かつてから多くの企業が，暴力団等との関係遮断に向けた努力を重ねてきています。企業が暴力団等との関係排除に向けて動き出してきた背景には，暴力団等と関係を持つことにより一見企業運営が円滑にできるかのようにみえますが，実は最終的に従業員や株主等を含めた企業自身に大きな損害をもたらすものであるという認識が浸透し，そのような暴力団等から企業を防衛するためには，不当要求の謝絶などの関係遮断が必要不可欠であるとの認識によるものでした。

　さらに，最近では，企業が，その社会的責任を果たすという観点からも，必要かつ重要なこととされています。企業が暴力団等との関係を遮断することは，暴力団等の資金源に打撃を与え暴力団等を社会から排除することにつながるなど，治安対策上もきわめて重要な課題ともされており，これに企業も積極的に対応することが求められています。とりわけ，公共性を有し経済的に重要な機能を営むＪＡが，業務

の適切性と健全性を確保するためには，暴力団等に屈することなく法令等に則して対応することが不可欠であり，重要なコンプライアンス上の課題といえるでしょう。

　政府は，上記の暴力団等との関係遮断の重要性を明確に指摘したうえで，そのために企業がとるべき対応の指針を取りまとめました。それが「企業が反社会的勢力による被害を防止するための指針」（平成19年6月19日犯罪対策閣僚会議幹事会申合せ）です。これを受けて，金融庁・農林水産省は「系統金融機関向けの総合的な監督指針」に「Ⅱ-3-1-4　反社会的勢力による被害の防止」という項目をおき，また，金融庁は「金融検査マニュアル（預金等受入金融機関に係る検査マニュアル）」の「法令等遵守態勢の確認検査用チェックリスト」の個別の問題点として「反社会的勢力への対応」の項目をおくなど，指導の重要なポイントとしています。さらに，全国銀行協会等の業界団体も銀行取引約定書等に盛り込む「暴力団等排除条項」の案などを示すなど，対応しているところです。

　JAにとって暴力団等との関係排除等の対応は，JAやその役職員・組合員・利用者を守るだけでなく，社会的責任であると認識してあたらなければなりません。

　●「系統金融機関向けの総合的な監督指針」が示す態勢の整備
　系統金融機関向けの総合的な監督指針では，反社会的勢力（暴力団等）による被害を防止するための基本原則として，①組織としての対応，②外部専門機関との連携，③取引を含めたいっさいの関係遮断，④有事における民事と刑事の法的対応，⑤裏取引や資金提供の禁止，の5点を挙げています。さらに，これらの原則に則って対応するための態勢を整えることを求めています。具体的には，暴力団等との関係を遮断するための態勢整備として，暴力団等との取引を未然に防止することや暴力団等と判明した時点で速やかに取引を解消することがで

1．暴力団・反社会的勢力との取引排除

きるように，反社会的勢力に関する情報を分析・整理したデータベースを活用した事前審査の実施や契約書等への暴力団排除条項の導入，また，暴力団等からの不当要求に対し組織が一体となって対応できるように，対応の総括部署を定め一元的な管理体制を構築し，総括部署に情報が集中するようにすること，警察や弁護士会等の外部専門機関との連携を図ること，暴力団等に対する対応マニュアルの作成や職員教育を継続的に実施すること，などを挙げています。

　各ＪＡでは，これらの指導に従って，独自に暴力団等や反社会的勢力への対応についての態勢の整備や対応マニュアルなどを制定しています。これらのマニュアルや事務手続等で，取引開始時に暴力団等でないかをデータベース等を活用して確認することが定められています。利用者をお待たせするのは心苦しいですが，確認の方法やデータベースの検索方法を効率化して，できるだけ短時間で済ませられるように工夫することが重要です。

　また，苦情をいう利用者には，「取引開始にあたって定められた審査を実施しておりますので，しばらくお待ちください」など，暴力団等ではないかの確認とはっきりいわない方がよいでしょう。

●暴力団等であった場合の取引謝絶

　データベース等による確認の結果，取引申込者が暴力団等であることが判明した場合には，取引を謝絶します。各ＪＡでは暴力団等との対応についてマニュアルを制定していると思いますので，この場合もそのマニュアルに従って対応しますが，対応にあたっての一般的な注意事項は次のとおりです。

① 　暴力団等と判明した取引申込者を別室に案内します。この際，録音装置やビデオカメラなどが設置された特別な部屋があればそちらに案内します。なお，この時点で警察にも電話等でどういう人が貯金口座を開設しようとして来店しているかを話して相談す

第1章　貯金取引の開始・受入れ

るようにします。
② 　対応は，役席者など必ず複数で対応します。
③ 　ＪＡからの説明は，何の理由もいわずにただ「取引をできかねます」と通告するようにします。当然，取引申込者がいろいろいってくると思いますが，それに対応することなく「取引をできかねます」と繰り返すようにすることが重要です。なお，録音等をする場合には，あらかじめ「行き違いがあるといけませんから相談内容を録音させていただきます」と通告します。
④ 　面談は5分から10分程度で切り上げるようにし，時間がきたら「これ以上ＪＡから申し上げることはございませんので，お引き取りください」と通告して退去させるようにします。居座るようであれば，警察に通報する旨を告げて実際に警察に通報し，警察の協力を得て退去させるようにします。

●貯金規定の変更と既往の貯金取引先

　各ＪＡでは，反社会的勢力排除の条項や暴力団等排除の条項が盛り込まれた貯金規定に改定を行っていることと思います。貯金規定の改定後に取引を開始した取引先については，暴力団排除条項等が当然に適用されることから，これらの規定を適用して取引を中断することになります。

　では，改定前から取引を行っている既往の取引先にも暴力団排除条項等を盛り込んだ改定後の貯金規定を適用することができるでしょうか。この点については，貯金規定のような約款の変更については，内容の合理性が担保されて，利用者への周知手続がなされていれば，個々の利用者から約款の変更についての承認を個別に得ることはもちろん利用者が変更後の具体的な条項を認識していなくても，約款の変更を利用者に主張できるとされています。暴力団排除条項等の内容が合理的であることは当然ですから，ＪＡが貯金規定の変更について利

1．暴力団・反社会的勢力との取引排除

用者に周知させているかが問題となります。周知の方法については，利用者全員にDMによって通知する方法，ホームページでの案内，店舗でのポスターによる掲示，希望する利用者への店頭で案内文書の配布，などの方法が考えられます。暴力団排除条項等を盛り込む改定については，ホームページでの案内，店舗でのポスターによる掲示，希望する利用者への店頭で案内文書の配布などで対応し，DMを全利用者に送るまではしていない金融機関が多いようです。

　ＪＡでも，暴力団排除条項等を貯金規定に盛り込む改定について，上述のような方法で利用者に周知させていれば，既往の貯金取引先にも改定後の貯金規定を適用できると考えてよいでしょう。

●貯金取引先が暴力団等と判明した場合の対応

　すでに貯金取引を行っている利用者が暴力団等と判明した場合は，貯金規定に定められた暴力団排除条項等を用いて取引を強制解約し，貯金取引の関係を遮断することになります。しかし，この場合には，暴力団排除条項等で定められた暴力団等に貯金取引先が該当していることをＪＡが証明できるようにしなければなりません。そのためには，単にデータベースに該当したとか，新聞報道等で名前が挙がったことなどだけでは十分でないことも多いでしょう。必要に応じて警察などとも相談して対応します。また，取引を遮断された利用者からＪＡに苦情がくる場合もあるでしょう。その対応の準備のため，弁護士ともよく相談しておく必要があります。

　このように，すでに取引を行っている貯金取引先について，暴力団等であることを理由に取引を遮断することは，暴力団排除条項等が貯金規定に盛り込まれていても大変な労力と慎重な対応が必要となります。その点，取引開始前であれば，ＪＡが取引を開始するか否かは，ＪＡが自由に決められます。暴力団等との取引を排除するためには，取引開始前に暴力団等でないかを確認して，取引関係を持つ前に関係

7

第1章　貯金取引の開始・受入れ

を排除することが重要であるというのは，このような理由からなのです。

●暴力団排除条例の施行と暴力団排除条項

平成23年10月までに全国の都道府県で暴力団排除条例が施行されました。この暴力団排除条例は，都道府県ごとに内容は若干異なる点もあるようですが，暴力団等との関係遮断と利益供与の禁止を強く求める内容となっています。このため，全国銀行協会は，銀行取引約定書等に盛り込むべき暴力団排除条項について，従来のものよりさらに排除すべき暴力団等の対象を広くかつ具体的にした参考例（巻末資料参照）を提示しています。

2．普通貯金取引と
取引先の本人確認方法

質問

　最近，当店の貯金取引先に対して本人の確認のため協力をお願いした事例が３件ありました。それぞれの場合，以下の手続により本人確認を行いましたが，これで「犯罪による収益の移転防止に関する法律」（犯罪収益移転防止法）が定める確認要件を充たしているのでしょうか。

　１．近くで食堂を営むAさんは，10数年来の普通貯金取引先で，取引開始当時から当店の多くの職員とは面識があり，口座開設時には直接本人から所定の貯金口座開設申込書の提出を受けていて，事実上本人確認は済まされている。そのため，先日300万円の現金の預入申込みを受けたときも，改めて本人確認の必要はないと判断してこれを受け入れた。

　２．㈱甲商事が最近，普通貯金口座を開設したが，来店して手続を行ったのは経理担当職員のYさんであり，今後の実際の貯金の預入れ，払戻しもYさんがするとのことで，口座開設の際，甲商事の法人登記簿謄本，印鑑登録証明書とともに，甲社代表取締役発行のYさんの社員証と委任状を提出した。このため，当店は証明書類は完備していると判断し口座開設に応じた。

　３．初めて来店したSさんが，普通貯金口座の開設とキャッシュカードの発行を申し込み，備付けの普通貯金口座開設申込書に所要事項を記載し，取引印を押印して提出した

第1章　貯金取引の開始・受入れ

が，本人は自動車運転免許は取得していないとのことで，市役所発行の住民票の写しを本人確認書類として添付した。

実務対応

1．本人確認済みの取引先であっても，200万円を超える現金取引があるときは，原則として本人確認が必要です。ただし，過去に本人の確認がされていて，その記録が保存されているのであれば，本人確認済みの確認のみでよく，ほかに疑わしい事情等のない限り改めて本人確認の必要はありません。300万円の預入申込みについても，本人確認済みと確認できれば，改めて本人確認の必要はありません。Aさんから普通貯金口座開設の申込みがあった当時は旧本人確認法の施行前であったため，その時点では法定の本人確認は行われていませんが，口座開設時やその後の取引の際などに，運転免許証・健康保険証の提示を受け，または住民票の写しなどを提出してもらうなど，犯罪収益移転防止法に定める本人確認の方法に準じる方法でAさんの本人確認を行ったことが確認記録上明らかであれば，本人確認済みの取引先として本人確認済みの確認のみで取引することができます。なお，AさんはJAの複数の職員と面識があることから，窓口担当者が面識があることをもって，本人確認済みの確認を行うこともできます。

2．会社等の法人との普通貯金取引にも，本人確認が要求されます。(株)甲商事の場合は，会社の登記簿謄本または抄本，印鑑登録証明書（すべて作成後6か月以内のもの）によって，当該会社の名称および本店の所在地を確認します。

ところで，実際にJAに出向いて甲商事の預入れ・払戻し等の事務を処理するのは経理担当職員Yさんである場合は，Yさんの本人確認も必要とされています。しかし，会社の代表者発行の社員証（身分証

明書）や委任状は確認書類とは認められません。Ｙさんには早急に運転免許証・国民健康保険証等の公的確認書類を提示してもらうなど，個人の取引先と同様の本人確認の手続を行う必要があります。もっとも，Ｙさんの本人確認が不十分なまま取引を開始しても，貯金そのものは無効とはなりません。

　3．Ｓさんが本人確認資料として提出した住民票の写しは，公的証明書ではあっても，本人以外の第三者でも交付を受けることができる書類であるため，この提示を受けただけでは本人を確認したとは認められません。この場合には，ＪＡは貯金通帳，キャッシュカードを，取引開始の礼状等の関係書類とともに届出のＳさんの住所宛てに「転送不要」として郵送し，これらが返送されずにＳさんのもとに到着したことをもって本人確認をしたものとすることができます。

●犯罪収益移転防止法による本人確認

　ＪＡにおいても貯金・貸出・送金等の金融業務にかかる取引先について，その本人を確認し，確認記録を作成・保管することが義務づけられました。すでにＪＡにおいては，平成2年大蔵省（現：財務省）・農林水産省の通達にもとづき，国際的な麻薬取引業者等の不正な取引による資金の出所，所有者の隠蔽・洗浄手段（いわゆる「マネー・ローンダリング」）として貯金や送金取引が利用されることを防止するために，貯金等の口座開設の際に，その取引先の本人確認を行ってきたところです。

　しかし，近年の世界各地でのテロ行為の頻発に伴い，その資金の供与・蓄積が金融機関を通じて行われることを防止することが国際的に重要な課題となったため，テロ資金の供与，蓄積とマネー・ローンダリングの双方を包含する対策として「金融機関等による顧客等の本人確認等に関する法律」（本人確認法）が施行（平成15年1月6日）さ

第1章　貯金取引の開始・受入れ

れました。これにより，従来，農水省の通達にもとづき作成された系統のガイドラインに従って行われてきた本人確認は法律上の義務となり，確認の対象者，対象取引と金額，確認の時期・方法，確認記録の作成・保存等について法定の事項を遵守することが要求されることとなりました。

　なお，その後，預金口座等の不正利用を防止するため，平成16年12月に改正され，名称も「金融機関等による顧客等の本人確認等及び預金口座等の不正な利用の防止に関する法律」に変更されました。

　さらに，平成20年3月には，「犯罪による収益の移転防止に関する法律」（犯罪収益移転防止法）の施行に伴い，本人確認法は，同法に吸収される形で廃止され，その後は，同法にもとづき，本人確認が義務づけられることになりました。

　本人確認義務の内容は，法律・施行令・施行規則にきわめて詳細に規定されていますが，この質問事例に直接適用される部分については，概ね以下のとおりです。

　まず，本人確認を必要とする対象は，ＪＡとの間で，①貯金または定期積金契約の締結等の取引をする個人および法人（犯罪収益移転防止法4条1項，同法施行令8条1項1号イ・ロ），②200万円を超える現金の受払いの取引（現金の受払いをする取引で為替取引または自己宛小切手の振出を伴うものは10万円超）をする個人および法人（同法施行令8条1項1号タ）等とされています。したがって，この質問事例の普通貯金取引の取引先であるＡさん，甲商店およびＳさんは，いうまでもなく本人確認を要する対象者ですが，Ａさんは300万円の現金取引者として確認対象者でもあります。本人確認の時期は，原則として「取引を行うに際して」とされていますから（同法4条1項），普通貯金取引であれば，貯金口座を開設して取引を始める時です。また，200万円を超える現金の受払いについては，その受払いの時とい

うことになります。もっとも、すでに本人確認済みであり、そのことに関して法定の事項が記載された記録が保存されている場合には、本人確認済みであることの確認のみでよく、ほかに疑わしい事情等のない限り改めて本人確認の必要はありません。

質問１のＡさんについては、実務対応１で説明したように、口座開設時に犯罪収益移転防止法の規定に準じて本人確認済みであることが確かめられれば再度の確認は不要です（同法施行規則７条）。

●対面による本人確認方法・本人確認資料

ＪＡがその店舗内において取引先と対面して行う本人確認は、犯罪収益移転防止法が定める公的書類（官公庁が発行する公的証明書）の提示または提出を受けて行うこととなっています。

公的書類の提示または提出により、①取引名義人が実在すること（名義人の実在性）、②対面している取引先が取引名義人名と同一人であること（名義人との同一性）が確実に確認でき、実在性によって架空名義取引が、また同一性によって他人名義の無断利用による口座開設が防止できます。

●個人取引における確認事項

個人について確認すべき事項は、対象者の氏名・住居および生年月日とされています（犯罪収益移転防止法４条１項１号）。そして、その確認資料となるべき公的書類は、犯罪収益移転防止法施行規則４条１号に列挙されたうちのいずれかによることと定められています。実務上は、運転免許証、健康保険証、国民年金手帳、旅券（パスポート）などが提示されることが多いと思われますが、これらの書類は、法律上本人以外は交付を受けることができない書類であり、当該個人の氏名、住所および生年月日の記載もあることから、これらの書類が有効期限内または発行後６か月以内に提示されたときは、本人が実在すること、公的証明書の持参人が本人であることが同時に証明でき、確認

13

すべき事項も確認できることから，本人確認はこれによって完了したこととされています。

　しかし，戸籍の附票の写しが添付されている戸籍の謄本または抄本，住民票の写しまたは住民票の記載事項証明書などは，本人以外の第三者も交付を受けることができるため，本人が実在することの証明にはなりますが，この公的証明書の持参人が本人であるとの証明とはなりません。そこで，これらの書類の提出を受けたときは，発行した貯金通帳，キャッシュカードとともにこれを確認書類に記載された取引先の住所に宛てて，書留郵便により転送不要郵便物として郵送するなど，送付先の受領が確認できる方法により送付し（本人限定受取郵便により郵便物を郵便局に留め置き，本人確認による交付を郵便局に委ねる方法も認められます），取引先に送達されることをもって確認手続が完了したこととされています。

●法人取引における確認事項

　確認の対象が法人であるときの確認事項は，当該法人の名称および本店または主たる事務所の所在地であり，本人が実在することの確認は，原則として当該法人の設立の登記にかかる登記簿の謄本もしくは抄本，または印鑑登録証明書で6か月以内に作成されたものを確認資料として行います。

　ＪＡがこれらの書類の提示を受けたときは，その提示により，また，これらの書類の送付を受けた場合は，貯金通帳，キャッシュカードを取引関係文書とともに確認書記載の法人の住所に宛てて書留郵便，配達証明郵便などの方法により転送不要の取扱いで送付し，相手方の受領を確認したときに，本人確認済みとなります。

●法人の代理人・使者（経理担当者等）の本人確認

　なお，取引先が法人であるときは，現実にＪＡに来店して貯金の受払等の事務を行うのは，法人の経理担当者であることが一般的です。

この場合，経理担当者は民法上法人の代理または使者とみなされ，その行為の効果は直接に法人に帰属することとなっています（民法99条）。したがって，ＪＡは，通常，経理担当者から法人発行の委任状と身分証明書の提示を受け，その身分と代理権を確認のうえ取引を行うこととしています。

ところが，犯罪収益移転防止法では，当該法人が発行した社員証（身分証明書）や委任状は，これを本人確認資料として認めていません。

そこで，法人の取引事務を現実に行う担当者については，個人の取引先本人に対するとまったく同じ本人確認手続を行うことが必要であり，社員証，委任状の提示を受けることが，犯罪収益移転防止法が要求する確認手続と誤解しないことが重要です。

●本人確認前の貯金口座の開設・貯金の受入れの効力

本人確認未了の間に行った貯金口座の開設や貯金の受入れは無効ではありません。しかし，本人確認は，犯罪収益移転防止法で定められた金融機関の重要な義務であり，同法では，取引先が本人確認に応じないときは，これに応じるまでの間はＪＡは取引にかかる義務の履行を拒むことができる（同法5条）と定めて，本人確認未了のままでの取引の根絶を図ろうとしています。取引先がＪＡに対して本人確認の協力を拒絶する積極的な意思表示をした場合にはもちろん，たんに過失による書類の不携行，書類の不適格にすぎない場合など，どのような場合であっても，本人確認の手続が未了のまま取引を行ってはなりません。事情を丁寧に説明し，取引に際して提示が必要な書類等の手続を案内するなどして，本人確認の手続が完了してから取引をすることが重要です。

●本人確認記録の作成と保存

本人確認を済ませたときは，ただちに本人確認記録に記録し，当該

取引先との取引が終了した日から7年間保存することが義務づけられています（犯罪収益移転防止法6条1項・2項）。確認記録には，基本的には，①取引先本人の特定事項（確認書類によって確認することとされている事項），②本人確認をしたＪＡの役職員の氏名，③本人確認の方法と確認に用いた資料等を具体的に記載します。そのほかに記載すべき事項は，同法施行規則10条1項に規定された事項です。

　ただし，本人確認記録の様式については，法令には特別の定めはありませんが，必要事項がもれなく記録できるように工夫した効率的な様式を設定して管理することが重要です。ＪＡバンクでも様式を定めて例示しています。

3．未成年者との総合口座取引

質問

近くに下宿する大学生Aさんが来店して，50万円の定期貯金を預入れし，これを担保とする総合口座を開設したいと申し込んできました。年齢を聞くと18歳とのことです。窓口係が，未成年者との貸越取引は親権者の同意が必要の旨を告げると，この50万円は親元からの仕送りとアルバイトで貯めたものだから，その必要はないのではないか，といっています。
　Aさんの申込みに応じても問題はないでしょうか。

実務対応

　日常家計費の決済の便宜に供するために考案された総合口座は，通常，未成年者が取引する必要は少なく，また未成年者との取引には親権者の同意も必要となることから，未成年者との総合口座取引は原則として行わないこととしています。

　未成年者が法律行為を行うには，原則として親権者等の法定代理人の同意を要し，単独では完全な法律行為ができないとされ，未成年者が単独で行った法律行は取り消すことができるとされています（民法5条1項・2項）。ただし，親権者等が未成年者に処分を許した財産の処分（同法5条3項）と営業を許された未成年者の営業に関する行為（同法6条）については，例外として未成年者単独で法律行為ができるとされています。

このため，当座貯金と総合口座取引を除く貯金取引については，「処分を許された財産」と考えられる小遣いや仕送りの範囲として相当な金額の範囲内に限って，未成年者単独での取引を認めるのが一般的となっています（ＪＡで用いている一般的な事務手続も同様です）。

　しかし，総合口座取引は，普通貯金・定期貯金の取引に加え，定期貯金への担保設定と当座貸越取引がセットになった取引です。このうちの当座貸越取引は，処分を許された財産の処分ということができず，未成年者単独では完全な取引ができないと考えざるをえません。そのため，未成年者との総合口座取引については消極的な金融機関が多いようです。ＪＡで用いている一般的な事務手続でも，未成年者単独での総合口座取引を認めていません。

　未成年者と総合口座取引を行う場合には，親権者等の同意を得て行うか，親権者等を代理人として取引をするようにするべきでしょう。

●未成年者との取引には原則として親権者の同意が必要

解説　総合口座は，税金や公共料金，クレジットカードによる買物代金等の日常家計費を貯金口座からの振替によって支払う取引先などのために，支払日に一時的に資金不足が生じた場合にＪＡが必要資金を融通することにより，円滑な決済が行われることを目的とした取引です。一時的な普通貯金の残高不足の際に定期貯金を中途解約しなくてもよいことや日々の決済に合わせて普通貯金の残高を管理しなくてもよいなど利便性が高い取引ですが，未成年者の場合，独立して生計を営んでいる場合以外には必要性は少ないでしょう。

　さらに，未成年者が法律行為を行うには，原則として親権者等の法定代理人の同意を要し，単独では完全な法律行為ができないとされ，未成年者が単独で行った法律行は取り消すことができるとされていま

す（民法5条1項・2項）。ただし，親権者等が未成年者に処分を許した財産の処分（同法5条3項）と営業を許された未成年者の営業に関する行為（同法6条）については，例外として未成年者単独で法律行為ができるとされています。この制度は，他の制限行為能力者の制度と同様，心身の発達途上にあり経験や知識も十分でない未成年者を保護する制度として定められたものです。

このため，JAなど金融機関が未成年者と取引を行う場合でも，親権者等の法定代理人の同意を得て行うか，法定代理人を代理人として取引を行うことを原則としています。もっとも，上記のとおり，親権者等が未成年者に処分を許した財産の処分については未成年者単独で行為できるとされていることから，手形や小切手の振出（原則として，未成年者単独ではできません）のための取引である当座勘定取引と総合口座取引を除く貯金取引については，小遣いの範囲として相当と考えられる金額の範囲であれば，未成年者単独での取引を認める扱いとしている金融機関が多いだろうと思います。JAが通常用いている事務手続も同様です。

●未成年者単独での総合口座取引を認めない理由

日本の民法では，成人を20歳としていますが（同法4条），すでに就労している未成年者も多いことなどから，成人の年齢を引き下げるべきだとする意見が多いのはご承知のとおりです。とくに，一人暮らしをしている未成年者にとっては，総合口座取引を自分だけでできないのは大変不便だろうと思います。にもかかわらず，金融機関が未成年者との総合口座取引を認めないのは，次の理由があるからです。総合口座取引は，普通貯金，定期貯金，定期貯金の質権設定とこれを担保とした当座貸越の取引が総合された取引です。未成年者は処分を許された財産の処分は未成年者単独で行為できますから，総合口座取引のうちの普通貯金，定期貯金，定期貯金への担保設定は未成年者単独

ですることができます。

　しかし，当座貸越取引は金銭の借入ですから，原則どおり親権者等の同意が必要となり，未成年者単独で行った当座貸越取引は取り消すことができる取引となります。当座貸越取引を取り消すと，未成年者は融資された金銭を不当利得として返還しなければなりませんが，未成年者などの制限行為能力者の行為として取り消された場合の返還義務は「現に利益を受けている限度」に限られるとされています（民法121条）。たとえば，未成年者が融資金を浪費してしまった場合，浪費した資金は「現に利益を受けている」とはいえないとされていますので，返還義務を負わないことになります。その結果，金融機関はその分の回収をまったくできず，実損となってしまいます。一方，総合口座の貸越でなく定期貯金の中途解約で対応していれば，処分を許された財産の処分として未成年者単独で中途解約もできますから，何も問題はないわけです。これが，ＪＡをはじめとする金融機関が未成年者単独での総合口座取引を認めない理由です。

●未成年者から総合口座取引を求められた場合の対応

　未成年者から総合口座取引を求められた場合には，以上のとおり，預入の金額等が未成年者に処分を許された小遣いの範囲として相当な金額であることを確認のうえ，普通貯金と定期貯金の取引で対応するのが原則となります。もし，未成年者名義の総合口座取引が必要な場合には，親権者等の法定代理人を代理人として取引を行うことになります。ＪＡが通常用いている事務手続でも，未成年者との総合口座取引は法定代理人と行う旨が規定されています。

　総合口座の貸越には定期貯金の中途解約と同視しうる実質を有すること，総合口座取引の貸越を行って支払った資金を預金と相殺して回収する場合にも，債権の準占有者への弁済（民法478条）の類推適用があるとする判例があること，年長の未成年者は総合口座取引を行う

3．未成年者との総合口座取引

のに十分な判断能力を有するのが通常であり，また，総合口座を利用する必要性がある場合も多いこと，などを理由に未成年者単独での総合口座取引も取り扱ってよいとする意見もありますが，実際に未成年者と行った総合口座取引の当座貸越の取消しを主張された場合に，これらの理由で取り消すことができないという結論を得られるかはまったく判りません。

なお，手続に定められていない異例処理としてＪＡ内部の承認手続は必要となりますが，未成年者であっても親権者等の同意があれば単独で行為できることを踏まえ，総合口座取引も親権者等の同意を得て行うことは可能だと思います。この場合に，総合口座取引の預入れ・払戻しなど個々の取引のつど同意を必要とするのか，取引開始時点に包括的な同意を得ていればよいのかは問題となるところですが，未成年者に営業の許可を与えた場合に，営業に関する行為は未成年者単独でできるとする規定（民法6条）もあることから考えると，包括的でもよいだろうと思います。

第1章 貯金取引の開始・受入れ

4. 同一人による複数の総合口座取引

質問

貯金取引のあるＡさんが来店し,「今日50万円を持ってきたので,これを定期貯金にして,いまある公共料金引落しのための総合口座とは別口の総合口座を作ってもらいたい」との依頼を受けました。総合口座は,1人1口座に限定されていることは知っていますが,現在取引している総合口座に預入れされている定期貯金は150万円です。それでもＡさんの申込みには応じられないのでしょうか。

実務対応

法令等で規制されているわけではありませんが,総合口座取引の口座は1人1口座としている金融機関がほとんどだと思います。

通常,1人で総合口座取引の口座を複数持つ必要性はないと思いますので,その旨をよく説明して理解してもらうようにするべきでしょう。

解説

●総合口座取引は1人1口座の取扱いが一般的

ほとんどの金融機関で,総合口座取引は1人1口座と限定しているようです。ＪＡが通常用いている事務手続でも,1人1口座としています。しかし,総合口座取引について1人1口座に限定する法令上の規制があるわけ

4．同一人による複数の総合口座取引

ではありません。
　では，なぜ1人1口座に制限する取扱いをしているのでしょうか。この理由ははっきりしませんが，総合口座取引規定に当座貸越の限度額（極度額）が定められていることが関係しているように思います。総合口座取引規定では，「当座貸越の限度額（以下「極度額」といいます）は，この取引の定期貯金，定期積金の掛込残高の合計額の90％（千円未満は切捨てます）または200万円のうちいずれか少ない金額とします」（総合口座取引規定6条2項）等の規定をおいて，当座貸越の限度額を定めています。ところが，総合口座取引が行われるようになった当時，この「200万円」の限度額について複数口座を名寄せして管理することが事務的に難しく，1人で複数の口座を開設しそれぞれの口座で限度額いっぱいまで当座貸越をされてしまうことを防止することが難しかったのではないかと思います。そのため，総合口座取引を1人1口座に限定し，口座ごとに限度額を管理する方法を採用したのではないかと思います。このような取扱いが今日まで続いて，今でも一般的な取扱いとなっているのではないかと思います。

●1人の利用者から複数の総合口座取引の申込みを受けた場合の対応
　今日の金融機関の勘定系システムの技術であれば，総合口座取引に伴う当座貸越の残高を複数口座で名寄せして通算して管理することは容易だと思います。しかし，1人の人が同一の金融機関と複数の総合口座取引を行う必要性はほとんどないと思われるため，今日でも，総合口座取引については1人1口座という制限を設けて対応しているのではないかと思います。まして，今日では，同一金融機関であれば口座開設店舗以外の店舗でも日常の取引はほとんど不自由なく行うことができますから，1人の利用者が同一金融機関で複数の総合口座取引を行う必要性はほとんどないと思います。
　もし，利用者から複数の総合口座取引の口座開設依頼があった場合

23

第1章　貯金取引の開始・受入れ

には，総合口座取引のサービス内容をよく説明し，複数の口座を持つ必要性がないことを強調することによって，複数口座の開設依頼を取り下げてもらうようにするのがよいと思います。

窓口一寸事件①

　銀行の窓口における現金および小切手の引渡し（占有の移転）が争点となった判例として有名な「窓口一寸事件」（大審院大正12年11月20判決）について見てみましょう。

　本件の事案の概要は次のとおりです。Aは，B銀行に行き銀行員Cが執務している窓口に「預金の申込み」をして現金および小切手を預金通帳とともに窓口内に差し出しました。Cはその時伝票を作成していましたが，Aの申出を認識して応諾の意思を表示したものの差し出された現金等に触れることなく筆記を続けていました。Aは窓口に立って差し出した現金等を監視していたところ，Aの踵を踏む者があり後ろを振り返ると見知らぬ男がおり白紙で拭うなどしていました。これに気を取られている間に，何者かが窓口に差し出した現金等を盗んで逃走し，Aが再び窓口を見るとAが差し出した現金等が無くなっていた，というものです。

　この事案に対し，原審の大阪控訴院は，窓口に差し出しただけで銀行員が金銭等の点検などの手続を終わるまでは預金は成立しないが，預金の申出を行って現金等を窓口に差し出し銀行員がこれを認識して応諾した以上は，その差し出された現金等について暗黙の意思表示により「一種の寄託関係」が成立し銀行に保管義務が発生する，と判示しました。

28頁へ

5．連名による普通貯金口座の開設

質問

組合員のＡさんが窓口を訪れ，仕事の必要上仲間のＢさんと連名の普通貯金口座を開設してほしいと申し出てきました。貯金係のＣさんは，連名貯金にはいろいろな問題点があることを説明しましたが，それでもＡさんはどうしてもお願いしたい，とのことです。
　Ａさんの申出に応じるとした場合，どんな点に注意しなければならないでしょうか。

実務対応

　日常の受払いの取引だけならば，Ａさん・Ｂさんから取引印の届出を受け，必ず連名の署名・押印によって行うこととすれば，連名貯金でもとくに問題はないかもしれません。しかし，Ａさん・Ｂさんのどちらか一方が死亡したり，一方の債権者がこの貯金を差し押えたような場合には，ＪＡがやっかいな問題に巻き込まれるおそれがあります。
　したがって，できるだけ単名貯金にしてもらうよう折衝すべきですが，やむをえず連名貯金を認める場合には，必ず念書（後掲書式）を提出してもらって取り扱うことが必要です。

第1章　貯金取引の開始・受入れ

●単純な共有貯金なら単独名義にしてもらう

　連名貯金は，いちおう貯金者全員の共有と考えることができますが，これが民法上の共有であれば，各貯金者は貯金に対して有する自己の権利（持分）の範囲内では単独で払戻し等の処分をすることができます（民法427条）。持分は，各貯金者間に特別の合意がなければ均等の割合ですから，たんに貯金者全員から取引印鑑の届出を受けたにすぎない場合には，各貯金者からの単独の払戻請求であれば，前記均等額の範囲でＪＡは払戻しに応じなければなりません。

　しかし，貯金者間に特約があれば，持分は必ずしも均等とは限らないうえ，普通貯金は残高が頻繁に増減変動しますから，貯金者の払戻請求額がその貯金者の持分の範囲内かどうかの判断は困難であり，後日，他の貯金者との間でトラブルが生じるおそれもあります。

　したがって，連名貯金の性格が上記のような各貯金者の単純な共有である場合には，連名口座の開設はいちおう謝絶し，連名貯金が貯金者相互間でも不都合を生じるおそれがあることを説明して，各人それぞれ単独名義の口座を設けてもらうべきです。

●それ以外の場合は念書を入れることを条件に開設する

　これに対して，単純な共有とはいえない貯金を連名で預入れする必要がある場合があります。たとえば，共同事業者全員が合意しなければ，払戻し等の処分はいっさいしない扱いとした貯金の場合です。貯金者全員がこのように合意した場合などでは，連名貯金としてほしいという申出もやむをえないでしょう。

　このような申出があった場合には，申出の事情を確認できる資料の提出を求め，上記の事情を確認し，ＪＡとして申出に応じる旨の決定をしたうえで対応することもやむをえないでしょう。

　連名貯金の取引を開始するときは，名義人全員の印鑑届の提出を受

5．連名による普通貯金口座の開設

◎連名貯金の念書

念　　書

平成　年　月　日

農業協同組合　　支店　御中

　　　　　　　　　　住所
　　　　　　　　　　　　　　氏　　名　㊞

　　　　　　　　　　住所
　　　　　　　　　　　　　　氏　　名　㊞

　私どもが貴組合と普通貯金の取引をするにつきましては，都合により私ども全員の名義としますが，このため下記事項を特約します。

記

1．私どものうちの1人がこの連名貯金に入金したときは，全員の貯金として取り扱われて異議ありません。
2．この貯金の貴組合窓口での払戻請求は，全員が連署し，届出印により押印した払戻請求書に通帳を添えて行うものとし，それ以外の方法によってはいっさい行いません。
3．前条の形式で払戻請求を行ったときは，私どものうち誰が払戻請求した場合でも，払戻しに応じられたく，その者に対する支払については全員異議はありません。
4．私どもは，いかなる事情があっても，単独で貯金の払戻し，分割その他の請求はしません。
5．万一，この貯金に対し連名者の一部の者の財産として差押え，仮差押え等がなされた場合には，連名者間の合意内容にかかわらず，この貯金を分割債権とし各連名者の持分は平等として取り扱うことに同意します。

第1章　貯金取引の開始・受入れ

けることはもちろんですが，払戻請求やＪＡに対する諸届出等はすべて全員の連署・押印により行ってもらうことがどうしても必要ですから，その旨を確約した前頁の念書（印鑑登録証明書添付）を差し入れてもらいます。

24頁から
窓口一寸事件②

　銀行が上告したのに対し大審院は，第１に，原審がいう「一種の寄託関係」とはどのような関係か明確でないこと，第２に，一種の寄託関係を単純寄託契約と考えても，Ａは消費寄託（預金）の申出を行っているのになぜ単純寄託契約の意思表示があったと認めることができるのか理由がないこと，第３に，消費寄託であっても単純寄託であっても目的物の引渡し（占有の移転）が要件となるが，引渡しがあったことを認めた理由が明らかにされていないこと，の３点から原審を批判し，引渡しに関しては，銀行員のＣがＡが現金等を窓口に差し入れたことを認識し応諾したとしても未だ占有の移転があったとはいえないと判示して，事案を原審に差し戻しました。

　この事案の最終結論は判りません。しかし，今日，同じ事案が発生したら，預金が成立するとまでは認められないとしても，銀行に何らかの義務違反が認められ損害賠償責任を負うことになると思います。たとえば，銀行には店舗内の安全に配慮する義務があり，来店客の金銭を盗取するという不法の目的をもって入店している者を排除するよう努力する義務があるにもかかわらず，これを怠った結果Ａに損害が生じた等の理由による損害賠償責任です。

　この事案は，現金等の引渡しの時点が争点になったことで有名な事例ですが，今日のＪＡなど金融機関の職員には，店舗内の安全に配慮することの重要性を再認識させられる事案だと思います。

6．株式会社支店との普通貯金取引

質問

甲株式会社乙支店が普通貯金口座を開設してくれることとなり，同支店の経理係から現金と取引印鑑届を受け取りました。しかし，取引名義人である支店長についての会社代表者の代理人届がありません。

貯金取引には代理届を提出してもらう必要はないのでしょうか。

実務対応

厳密にいえば，乙支店の支店長にＪＡと貯金取引をする権限があることの確認が必要ですから，会社代表者から代理人届を出してもらい，これを確認することは必要な手続ということになります。しかし，普通貯金取引の場合には，支店名義の印鑑届を支店長名で提出してもらい，代理人届は省略するのが通常の取扱いです。

ただし，支店長に普通貯金取引を行う権限がないことをＪＡが知っている場合には，支店長名の印鑑届では口座開設ができないので注意が必要です。

第1章　貯金取引の開始・受入れ

●不測のトラブル発生防止のため権限の有無の確認は必要

　　　　　　　　　株式会社の業務を執行し，第三者との法律行為について会社を代表する権限を有するのは取締役または代表取締役です（会社法349条）が，個々の取引については部長や支店長の名義で行われることも少なくありません。

　これは，多くは会社の内部規定でその権限が認められているからであり，法律的には代表取締役から代理権を付与されているからです。つまり，部長や支店長は代表取締役から任命された会社の代理人として会社のために取引を行っているわけで，このような場合，取引の法律上の効果は当然に会社について生じます（民法99条1項）。

　しかし，すべての支店長が当然に会社のすべての法律行為について代理権を有するとは限らず，権限なく代理行為をすればその効果は会社に及ばないのが原則です。したがって，とくに支店との融資や当座取引などにおいては，支店長が登記された支配人である場合（会社法11条1項・918条）を除いては，後日の紛争や不測の損害を避けるために，支店長の代理権を確認することは欠かせません。

　貯金取引においても支店長に代理権が要求されることは当然で，もし支店が回収した会社の売上金等の現金を一時的にでもＪＡに預け入れ，あるいは貯金として運用する権限が支店長に認められていなければ，支店との契約によっては，会社との間に有効に貯金契約は成立しないことになります。

●通常の取引では代理人届を求める必要はない

　しかし，会社が支店長に代理権限を与えていないとしても，「支店の事業の主任者であることを示す名称を付した使用人」は支店の営業に関するいっさいの行為につき権限（代理権）を有するものとみなされるという制度があります（表見支配人—会社法13条本文）。そして，支店長はここでいう「支店の事業の主任者であることを示す名称」で

30

6．株式会社支店との普通貯金取引

すから，一般的には支店長は支店の事業について代理権限を有すると考えて取引をしてもよいことになります。ただし，この規定は，取引の相手方が悪意（支店長に権限がないことを知っていること）である場合には，適用されないことに注意が必要です（同法13条ただし書）。

　通常，普通貯金取引は支店の営業に関する行為であることが明らかですので，仮に会社の内部的な取決めで支店長に貯金取引についての権限が与えられていなかったとしても，ＪＡがそのことについて悪意でない以上，その支店長との取引は表見支配人としての取引となり，会社との間で有効な貯金契約が成立します。しかも，万一普通貯金契約が無効であったとしても，とくにＪＡに大きな損害が生じることも考えられませんから，あえて煩雑な手続を依頼する必要性もありません。

　以上のような事情から，普通貯金取引については，支店名義の口座開設にあたり支店長名の印鑑届の提出を受けて取り扱い，代理人届の届出を求めないのが通常の取扱いとなっているわけです。

第1章 貯金取引の開始・受入れ

7．新規の利用者からの当座勘定取引の申込み

質問

新規の利用者から，「私は会社を経営しているが，ＪＡの地区内に支店を開設し事業を拡大したいので，すぐに当座勘定取引をお願いしたい」との申込みがありました。また，口座が開設されれば，ただちに預入れするため相当額の現金も用意してきている，ともいっています。
ＪＡはこの申出にどのように対応すべきでしょうか。

実務対応

当座勘定取引は，経済活動のなかで一定の信頼を得て流通している手形や小切手を取引先が振り出すことが前提となる取引ですから，すでにＪＡと他の貯金等の取引があることは必ずしも必要ではありませんが，事業の内容などの信用状況に懸念がなく，手形や小切手を振り出す必要がある先に限定して行うべき取引です。また，手形交換所の取引停止処分を受けた者とは取引停止処分日から起算して２年間，当座勘定取引を行うことができないので注意が必要です。

これまでＪＡの利用がない新規の利用者からの当座勘定取引の申込みに対しては，上述の点に注意して，必ず役席者とともに別室等で事業内容等の説明を受けるほか，犯罪収益移転防止法上の本人確認に必要な手続も行います。面接の結果，当座勘定取引申込みの受付をしてもよいと判断された場合には，当座勘定取引開始申込書の用紙を交付

し，その他の必要書類とともに提出を依頼します。ＪＡは，提出された書類や資料，申込者の説明などから申込者の信用状態を十分に調査し，必要な場合には，申込者の事務所などを実地調査するなどして調査します。また，反社会的勢力でないことも確認します。調査の結果をもとに，ＪＡ内部の決定手続を経て当座勘定取引の諾否を決定し，申込者に通知します。なお，ＪＡ内部で正式に決定するまでは，申込者に当座勘定を開設できるという印象を持たれないように注意します。とくに，当座勘定取引開始申込書等の提出をすると，申込者はこれで当座勘定が開設できると誤解しがちなので十分注意します。

　また，質問の事例のように相当額の現金を入金するなどといって開設を急がせるような場合であっても，絶対に便宜的な取扱いをしてはなりません。通常の申込みと同じように，ＪＡ内部の所定の決定手続を踏んで慎重に対応することが重要です。

●当座勘定取引を開始する前には信用力の調査が不可欠

　　当座勘定取引は，ＪＡが取引先の委任（支払委託）を受け，取引先が支払人となっている手形や振り出した小切手を当座貯金から払い戻して支払うことを主な目的とし，取引先が手形や小切手を利用することを前提とした取引です。

　現在の日本では，手形や小切手は経済活動のなかで一定の信頼を得て流通していますが，この信頼の背景には，手形交換所の銀行取引停止処分の制度と当座勘定を開設している金融機関が取引先の信用力を調査していることが挙げられます。当座勘定取引が開始されると，取引先はＪＡから手形用紙・小切手用紙の交付を受けて手形や小切手を振り出します。これらの手形や小切手が取引先から転々と流通し経済活動のなかで活用されるのも，手形や小切手に一定の信頼があるから

第1章　貯金取引の開始・受入れ

です。この手形や小切手の信頼を守るため，ＪＡも当座勘定取引先の信用力をしっかり調査し，信用状況に懸念がないことを確認することが重要となるのです。

　すでにＪＡと他の貯金等の取引がある場合には，ＪＡとの取引振りや利用者の事業内容や経営状況などもひととおり情報があるので，信用力の調査も比較的容易ですが，これまでＪＡと取引のなかった新規の利用者からの申出の場合は，一から調査することになるので，より慎重に調査する必要があるでしょう。

　　　　●当座勘定取引申込者との面談（信用力の調査の手順①）
　すでにＪＡと取引があるか否かにかかわらず，新たに当座勘定取引を開始したいとの申出があった場合は，担当者だけで対応せずに，役席者も同席し，詳しい話ができるように別室などで面談します。そこで，申込者の概況，当座勘定取引を開設する理由，事業の内容や沿革，他の金融機関との取引状況，今後のＪＡとの取引希望，過去の不渡事故の有無などを確認します。この面談で，正式に当座勘定取引開設の申込みを受け付けるか否かを判断します。この時に，①新規の利用者であるにもかかわらず口座開設を急いでいる，②質問の事例のように多額の入金をほのめかすなど妙にうまい話をする，③ＪＡの役員や著名人・有力者などの名前を持ち出す，④住所や事業所が遠隔地にある，⑤不自然に金融機関の内情や金融機関内部で専門的に使う言葉を使う，⑥預入資金の出所がよく判らない，⑦会社関係者以外の身元のはっきりしない者が同行している，などの事情がある場合には，とくに慎重に判断するようにします。

　この面談で，正式に当座勘定取引開設申込みを受けてもよいと判断された場合には，当座勘定開設申込書の用紙を交付し，必要な書面を添付して提出するように依頼します。この段階で取引を開始すべきでないと判断された場合には，取引を謝絶します。なお，正式に開設申

7．新規の利用者からの当座勘定取引の申込み

込みを受ける場合でも，申込者に当座勘定取引を開始できるとの期待を持たれることのないよう，「正式に申込みを受け付けた後にＪＡで詳しく調査・審査したうえで取引開始の可否をご案内します」など慎重な説明をするようにします。また，面談の内容は記録し保存しておくことも重要です。

●当座勘定取引開始の可否の審査（信用力の調査の手順②）

正式に当座勘定取引開始申込書と印鑑登録証明書（個人の場合）や登記事項証明書と印鑑登録証明書（法人の場合），事業の概要書など所定の添付書面の提出を受けます。この際に，ＪＡから当座勘定取引について商品概要説明書を用いて商品内容に関する重要事項を説明します。この説明は，金融商品販売法にも定められた事項（同法3条）なので原則として省略はできませんが，申込者から説明不要の申出があった場合には省略することができます（同法3条7項2号）。また，ＪＡの個人情報の利用目的等についての説明も行い，個人情報の収集・保有・利用・提供に関する同意書の提出を受けます。

ＪＡは，提出された資料などをもとに信用調査を行います。また，提出された資料等で不明な点があれば，説明を求めたり追加の資料の提出を求めたりします。信用調査には，提出された資料や申込者の説明の調査の他，申込者の他の取引金融機関に照会する方法や手形交換所や全国銀行個人情報センターに照会して確認する方法，興信所等の信用調査機関に調査を依頼する方法などもありますので，必要に応じて利用します。これらの調査で疑わしい事情があった場合には，申込者の住所地を訪問し調査するなどします。

これらの調査の結果，当座勘定取引を行うのに十分な信用力があると判断された場合には，稟議書の起案等ＪＡ内部の正式な決定手続に着手します。審査にあたっては，申込者が自ら手形や小切手を振り出す等の必要があるか，権利能力・行為能力を有する者か，取引停止処

分中の者（手形交換所から取引停止処分を受けた者で，取引停止処分日から起算して2年間を経過していない者）ではないこと，当座勘定取引を行うのに十分な信用状況であること，などを確認します。審査の結果は速やかに申込者に通知しますが，謝絶する場合は慎重を期すため文書で通知し，個人情報の利用に関する同意書以外の提出書類を返戻します。また，謝絶する場合には，必要に応じてその理由も説明します。

●当座開設屋の行為と金融機関の責任

　以上のとおり，当座勘定取引開設申込者について信用調査を行う一番の目的は，経済活動における手形や小切手への信頼を維持するためであり，その審査のポイントは，申込者が手形や小切手の振出などをすることが必要な経済活動を行っているか否かを確認することにあります。このような信用調査でとくに注意しなければならないのは，手形や小切手への信頼を悪用して，手形や小切手を乱発したり，詐欺などの犯罪に利用したり，またそのようなことをする者に手形用紙や小切手用紙を渡すなどの便宜を図ったりする当座開設屋と呼ばれる者に当座勘定を開設してしまうことです。

　当座開設屋に対する口座開設に関しては，「金融機関に課せられた取引先の信用調査義務は，経済上の道義的な義務であるにとどまるものと解するのが相当であり，一般的に，金融機関が，手形・小切手の取得者に対し，法的義務として右調査義務を負うものと解するのは，相当でない」としつつも「取引先が不正の目的で当座取引を利用することが判明しているような場合に，漫然，その者と当座取引契約を締結し，よって第三者に損害を生ぜしめた場合に，その金融機関が，右第三者に対し，不法行為に基づく損害賠償の義務を負うかどうかは，一概に否定されるものではない」とした判例（東京高裁昭和55年4月15日判決（金判605号34頁））もあります。

7．新規の利用者からの当座勘定取引の申込み

　当座開設屋等を排除したり被害を最小限にとどめたりするためには，本項で解説したように慎重に信用調査を行うことのほか，当座勘定取引先の要請に漫然と応じて大量の手形用紙や小切手用紙を交付するようなことをせず，取引先に渡す手形用紙や小切手用紙は必要な範囲に限定して一度に大量に渡さないなどの配慮が必要となりますので，十分注意するようにします。

暴力団等との対応要領 10 か条

　暴力団等と対応する場合の注意点は，以下のような 10 か条にまとめられています。
　第1条　名前，所属団体，車のナンバー，電話番号など相手が誰か確認する。
　第2条　用件や要求内容を把握する。
　第3条　相手よりも多い人数で対応し，対応時間を事前に通知するなど面談を早めに打ち切るようにする。
　第4条　対応は自分に有利な場所で行う（相手の指定する場所では行わない）。
　第5条　部長，支店長など権限者が対応しない。
　第6条　念書や名刺裏などに押印したものなど，不必要な書面は作成しない。
　第7条　言動に注意して即答をしない（解決を急がない）。
　第8条　録音やビデオ撮影など対応内容を記録する。
　第9条　警察や行政機関と密接に連携をとる。
　第10条　弁護士に相談するなど法的対抗手段も検討する。

37

8．外国人からの普通貯金取引の申込み

質問

ある日，地区内に居住する外国人が来店し，普通貯金口座を開設したいと申し込んできました。日本語は日常会話程度なら支障なく話せるようですが，印鑑の所持を問うと，サインで取引したいとのことです。

口座開設に応じるとしたら，どんな点に注意する必要がありますか。

実務対応

外国人とも貯金取引することは可能であり，原則として日本人との取引と同等に取り扱うことができます。取引を開始するときは，本人確認のため，在留カード等の法定の書類の提示を受けるなどして，本人確認の手続を行います。また，反社会的勢力でないことのチェック等も行います。取引に際しては，原則として事故防止のために印鑑による取引とすることに理解を求め，印鑑届を提出してもらいますが，サインによる取引もできますので，取引申込者が要望する場合は，ＪＡ内で可否を検討します。

また，日本語が理解できるようですから，貯金規定の内容その他日常の取引に関する主要な手続等を説明するとともに，ドル両替や本国への送金等の業務を取り扱わないＪＡは，そのことについて了解を得ておくのがよいでしょう。

8. 外国人からの普通貯金取引の申込み

　いずれにせよ，ちょっとした理解不足や誤解から無用のトラブルを引き起こさないよう配慮が必要です。

●日本人と同じ方式により取引することが可能

　日本国籍を有しない者（外国人）も，法令または条約で禁止されていない限り，私法上の権利能力・行為能力が認められており，現に条約による制限はなく，法令による制限も特殊な権利の取得等に限られていることから，外国人との貯金取引は，日本人とまったく同等に取り扱うことができます。

　外国人が日本の金融機関と取引する場合，どちらの国の法律に従って行うかは当事者の意思により，当事者の意思が明らかでないときは，日本の法律に従うこととなっています（法の適用に関する通則法7条・8条）。そして，貯金取引は取引先が外国人であっても，日本人との取引と同じ契約内容と方式によって定型的に行うのが通常であり，取引先もＪＡ所定の手続により貯金口座を開設する以上，これに従う意思があると解することができます。

　したがって，相続の開始等特別の事情が生じた場合のほかは，取引は日本人の場合と同様，日本の法律・取引約款・商慣習を適用して取り扱えばよいことになります。

　普通貯金取引についても，テロリズムに対する資金供与の防止等のための本人確認が必要とされています（犯罪収益移転防止法4条1項，同法施行令8条1項1号イ）。外国人については，短期滞在者等を除いて在留カードまたは特別永住者証明書が交付されていますから，これらの提示を受けて，本人確認事項を確認します。なお，外国人も住民票が作成されることとなりましたから，これを確認書類とすることもできます（ただし，別途郵送による確認が必要です）。

●サインによる照合等は困難なので印鑑にしてもらう

　サインによる取引を行うときは，印鑑に代えて署名鑑を届け出てもらい，払戻請求書等のサインはこの署名鑑と照合することになります。この場合には，普通貯金規定の印鑑照合等によるＪＡの免責を定めた条文の「払戻請求書，諸届その他の書類に使用された印影を届出の印鑑と相当の注意をもって照合し」とあるなかの「印影」を「署名」に，また「印鑑」を「署名鑑」に訂正する必要があり，その規定内容は取引先に説明しておくべきです。

　しかし，ＪＡ職員にとってはサインによる取引はほとんど経験がないと思います。このため，照合事務が円滑を欠くだけでなく，誤認のおそれもあり，トラブルの原因になりかねませんので，原則として避けるべきです。しかし，取引申込者の要望が強い場合には，ＪＡ内で可否を検討したうえで対応することになりますが，できるだけ適当な取引印を定めてもらい，その印鑑届を提出させて，印鑑による取引をすることが望まれます。なお，外国人でも，原則として居住市町村に印鑑登録をすることができ，印鑑登録証明書の交付を受けることができます。

　外国人が死亡した場合，その相続関係や，遺言の効力等については，被相続人の本国法によることとなっています（法の適用に関する通則法36条）。したがって，貯金者死亡後の貯金の払戻し等は，貯金者の本国法の定めにもとづいて行わなければなりませんが，ＪＡがそれを調査し確認することは困難です。そこで，そのような事態が発生した場合には，債権者不確知を理由として弁済供託することが認められることが多いと思われます（民法494条）。

9．受任弁護士が委任事務処理費用の前払金により開設した普通貯金の帰属

質問

近くに事務所を構えるＡ弁護士が来店して，Ａ弁護士個人名義で普通貯金口座を開設して100万円を預け入れ，翌日，取引先である甲社のＢ社長が会社名義の定期貯金・普通貯金を解約し，元利金全部をその口座に入金しました。Ｂ社長は会社を整理し，整理事務をＡ弁護士に依頼したとのことで，前日の100万円も今回入金した資金も事務費用として会社が預託したものだそうです。その後，Ａ弁護士は何回かこの口座に預入れと払戻しをしています。

ところが，数日後，税務署職員が来店し，Ａ弁護士名義の貯金を甲社の財産であるとして滞納税金の徴収のために全額の差押えと差押債権の取立をしてきました。

ＪＡは，税務署の取立に応じなければならないのでしょうか。

実務対応

実務的な対応としては，ただちにＡ弁護士に連絡して国税との調整を依頼するとともに，国税に対してもＡ弁護士から連絡があると思うので払戻しを待ってほしいと依頼するのが一般的でしょう。

なお，法律関係を整理すると，次のとおりとなります。

質問の事例では，Ａ弁護士は「甲会社代理人　弁護士Ａ」のような肩書を示さず，Ａ弁護士個人名義の普通貯金口座を開設して100万

円を預入れし，Ａ弁護士個人の印鑑を届け出て，Ａ弁護士名義の貯金通帳も受け取っています。そして，その後も通帳・届出印を自ら持参して直接預入れ・払戻しを行っています。

このような経緯からして，Ａ弁護士が甲社の代理人または使者として甲社の貯金口座を開設し預入れ・払戻しをしたとは考えにくく，この貯金口座はＡ弁護士個人のものであり，貯金債権はＡ弁護士に帰属していると理解するほかありません。

したがって，税務署のＡ弁護士名義貯金の差押えは滞納者ではない者の財産に対する違法・無効の差押えであり，ＪＡは取立に応じてはならないと解すべきでしょう。

●委任事務処理費用の前払金の性質

弁護士が依頼人から委託された事務を処理するに際しては，あらかじめ依頼人から事務処理費用の前払いとして「預け金」を受領することがあります。質問のＡ弁護士が自己の普通貯金口座に預け入れた100万円も，Ｂ社長がこの口座に入金した甲社の貯金の解約元利金相当額も，ともに甲社がＡ弁護士に交付した事務処理費用の前払い（民法649条）ということができます。

弁護士が委任者から受領した前払費用は，委任の目的に従って善管注意義務をもって管理し，委任契約終了後に残余の金額を委任者に返還すべきもので委任者に帰属するものであり，弁護士が前払費用を他の財産と区別して管理・保管するために締結した貯金契約は，弁護士個人の名義であっても，依頼人（委任者）が自己の預金とする意思で出捐し弁護士を代理人として締結したものであり，預金債権は委任者に帰属すると解する見解があります。しかし，最高裁は，「前払費用は，交付の時に，委任者の支配を離れ，受任者（弁護士）がその責

9．受任弁護士が委任事務処理費用の前払金により開設した普通貯金の帰属

任と判断に基づいて支配管理し委任契約の趣旨に従って用いるものとして，受任者に帰属するものとなると解すべきである」（最高裁平成15年6月12日判決（金判1176号44頁））として，受任者が委任者の金銭として受領し，委任者の指示に従って管理・処分するものではなく，受任者自身の金銭となるものであると解しています。したがって，事例のA弁護士が自己名義で普通貯金口座を開設して100万円を預入れしたことは，受領した前払費用を自己の金銭と認識し，自己の貯金とする意思をもって出捐したものと推認されますので，貯金債権がA弁護士に帰属することに疑問はないといえます。

もしA弁護士が，前払費用とこれを原資とする貯金が甲社に帰属するものと理解し，その管理を目的として口座開設をしたのであれば，口座名義を「甲会社代理人　弁護士A」とするのが自然です。そのような表示をしなければ，A弁護士の他の財産と区別した甲社の整理のためだけの金銭の専用口座であったとしても，実質的に甲社の貯金口座であるとはいえないと考えられます。

たとえば，東京地方裁判所民事執行センターでは，依頼者甲社からの預り金口である旨の肩書を付して弁護士Aが開設した預金口座（たとえば，「弁護士A　甲社預り金口」名義の普通預金）にかかる預金債権は，当該弁護士Aに帰属するとして，当該依頼者甲社に対する債務名義では差し押えることを認めない取扱いとしているようです。

●普通貯金債権の帰属先

貯金者の認定に関して，判例は客観説（貯金した資金を負担した者，すなわち出捐者を貯金者とする考え方）を採用しているといわれています。しかし，その趣旨を明確に述べている判例はないようです。一方，「原告（某銀行）等が定期預金一般に適用さるべしと主張する『現に自らの出捐により銀行に対し本人自らまたは使者，代理人，機関などを通じ預金契約をなした者である』という基準は，預金者が何人で

43

あるかは一切銀行において知らないことを建前とする無記名定期預金の場合，あるいは預入れに際し架空名義を使用した場合の如き特段の事情のある場合に判断の資料とすべきものである」とした判例（大阪地裁昭和40年9月24日判決（判時444号84頁））もあります。むしろ，貯金の名義，実際に窓口で取引した者およびその者と貯金受入れ金融機関の意思内容，預け入れた資金を負担した者などの事情を総合的に判断して認定していると考えた方がよいようです。客観説を採用している判例として挙げられる昭和52年8月9日の最高裁判決（金判532号6頁）も，個別の事実関係を前提に出捐者を貯金者として認定している事例であり，単純に客観説を採用した事例ではないようです。

　上述の議論は定期貯金を念頭になされたものですが，普通貯金の場合は，入出金が継続的に繰り返され出捐者を1人に特定できない場合などもあり，定期貯金と事情が異なるだけに，一層総合的な判断が必要になると思われます。

●質問の事例について

　以上のことを質問の事例のA弁護士名義の普通貯金についてみてみると，①口座の開設手続を行ったのはA弁護士自身である，②口座に入金された金員は甲社の整理事務の前払費用に充当するもので，受任者であるA弁護士の判断と責任において管理・使用される資金である，③口座名義がA弁護士であり，甲社の代理人・受任者であることを示す肩書等の表示はない，④使用印としてA弁護士の印鑑を届け出ている，⑤貯金通帳と届出印はA弁護士が管理し，以後の預入れ・払戻しはつねにA弁護士が行っている等の事情がみられます。これらの事情はすべてこの普通貯金がA弁護士の貯金であることを示しており，A弁護士名義の普通貯金はA弁護士の債権と判断するのが正当というべきです。

9. 受任弁護士が委任事務処理費用の前払金により開設した普通貯金の帰属

なお，実務の対応としては，実務対応の冒頭に記したとおり，A弁護士に国税との調整を依頼してA弁護士と国税の間で解決してもらうのがよいでしょう。

●類似の裁判例

類似の判決例として，①弁護士Xが，「弁護士X　依頼人A預り金口」名義の普通預金口座を開設し，Aから着手金や委任事務処理費用の入金を受けていた口座にかかる普通預金は，Aから着手金や前払費用を受け取り，かつ，受け取った費用を委任の趣旨に従って管理する目的で開設されたものであるから，自己の財産になるべき金銭を預金したものというべきであるとして，当該弁護士Xに帰属する（東京高裁平成15年7月9日判決（金判1176号51頁））とするもの，②損害保険会社Aの損害保険代理店であるBが,「A代理店B」名義の保険料専用普通預金口座を開設したが，AがBに普通預金口座開設の代理権を授与しておらず，同預金口座の通帳および届出印をBが保管し，Bのみが同預金口座の入出金事務を行っていたという事実関係のもとにおいては，同預金口座の債権は，Aにではなく，その保険代理店Bに帰属する（最高裁平成15年2月21日判決（金判1167号2頁））とするもの，③マンション管理組合が区分所有者から徴収した管理費用を原資として預入れした定期預金は管理組合に帰属する（東京高裁平成11年8月31日（金判1075号3頁））とするものなどがあります。

第1章 貯金取引の開始・受入れ

10. 線引小切手の貯金口座受入れ

質問

先ごろ普通貯金口座を開設してくれたばかりの甲商店から，口座へ入金してほしいと小切手数通による預入れがありましたが，貯金係が点検したところ，1通の一般線引小切手がありました。甲商店とは従来取引はなく，貯金口座開設後の取引もわずかしかありませんが，古くからの信用のある商店であることは確かです。

この線引小切手を入金してもさしつかえないでしょうか。

実務対応

小切手には線引という制度（小切手法37条・38条）があり，銀行等の金融機関は，自己の取引先または他の銀行等の金融機関以外から線引小切手を受け取ることができないとされています（同法38条3項）。小切手法では，「取引先」の取引についてとくに限定しておらず，貸出取引はもちろん貯金取引の取引先でもよく，また，取引関係の期間や親密度は問題とされていませんが，継続的な取引関係にあって氏名や名称，住所・営業所の所在地，連絡先などが判っていることが必要と考えられています。

したがって，普通貯金による取引を開始して間もない取引先であっても，線引の制度を免れるために線引小切手受入れに先立って形式的に現金等を入金して取引を開始したなどという特別な事情がない限

り，線引小切手の口座受入れを認めてもよいでしょう。

●線引小切手の法律上の性質

解説 ほとんどの小切手は持参人払式で振り出されることから，小切手を盗んだり拾ったりして不正に入手した者も，支払人であるＪＡ等の金融機関に提示すれば支払を受けることができてしまいます。そのため，当座勘定取引先には盗難などの事故があった場合にはただちに届け出るように求めていますが（当座勘定規定15条1項），事故届の届出前に提示された場合には，不正な所持人への支払を差し止めることができません。

そこで，小切手法では，不正な所持人への支払を防ぎ，万一支払われてしまった場合の回復も容易となるように，線引という制度を設けています（小切手法37条・38条）。線引には一般線引と特定線引があります。小切手の支払人は，一般線引小切手の場合には自己の取引先または銀行等の金融機関にのみ支払うことができ，特定線引小切手は指定された銀行等の金融機関のみに，また指定された銀行等の金融機関が支払人の場合は自己の取引先のみに支払うことができるとされています（同法38条1項・2項）。さらに，銀行等の金融機関は線引小切手を銀行等の金融機関または自己の取引先のみから受け入れまたは代金取立の依頼を受けることができるとされています（同法38条3項）。

なお，この規定に違反して線引小切手を支払ったり受け入れたりした金融機関は，これによって生じた損害について，小切手金額を限度として賠償する義務を負うとされています（小切手法38条5項）。

●線引小切手を受け入れることができる取引先

線引小切手を受け入れることができる取引先の取引について，小切手法等の法律にはとくに限定する規定はありません。取引の種類，取

引を継続している期間や親密度についても，制限は設けられてはいません。ただ，上述のような制度趣旨から，継続的な取引関係があって取引先の氏名や名称，住所や営業所の所在地，連絡先などが判っていることが必要と考えられています。

　そこで，かつては線引小切手を入金して貯金取引を開始することができるかという点が議論されたりもしましたが，さすがにこれでは線引小切手を受け入れた時点では取引先ではないということから，結論としては否定的に考えられるようになりました。もっとも，質問の事例のように取引開始から間もない取引先であっても，線引の制度を免れるために線引小切手受入れに先立って形式的に現金等を入金して取引を開始したなどという特別な事情がない限り，線引小切手を受け入れてもよいと考えることができるでしょう。とくに，今日では犯罪収益移転防止法上の本人確認によって，普通貯金の取引先であっても，氏名や名称，住所や営業所の所在地について公的な書類で確認しますから，取引開始から間もない取引先であっても，線引小切手の制度の趣旨を失わせるような弊害はほとんど起きないだろうと思います。

11. 白地手形の貯金口座受入れと白地の補充

質問

取引先のＡさんが普通貯金に預け入れた他店券のなかに，受取人欄が白地の手形が１通ありました。

貯金係は，従来，受取人白地のまま取立を依頼した手形も決済されているし，ＪＡには白地を補充する義務はないことになっているはずだと考えて，そのまま取立に回すこととしました。

貯金係のこの取扱いに誤りはないでしょうか。

実務対応

貯金規定には，白地手形や白地小切手の白地は所持人が補充してから入金するものとし，ＪＡが白地補充義務を負わないことが明記されていますから（当座勘定規定１条２項ほか），貯金に受け入れた白地手形や白地小切手は，白地を補充することなくそのまま取り立ててよいことになります。とくに質問の事例のように手形の受取人が白地の場合は，そのまま呈示しても決済する実務となっていますから，実際にはほとんどの場合，問題となることはありません。

しかし，受取人が白地のままの手形が資金不足等を理由として不渡りになり，中間裏書人や為替手形の振出人に遡求しようとした場合には，白地手形の呈示では適法な呈示とはなりませんから，遡求できない（遡求権を失う）ことになります。そのような問題もあることから，

第1章　貯金取引の開始・受入れ

　ＪＡが通常用いている事務手続では，白地手形や白地小切手を入金しようとする場合には，貯金者に白地を補充してから入金するように依頼し，白地補充後に受け入れることを原則としています。

　もっとも，受取人が白地の手形の場合，白地が補充されなければ受け付けないという対応は避けるべきです。上記のとおり中間裏書人がない約束手形の場合，受取人白地のまま呈示してもほとんど問題となることはありませんし，為替手形や中間裏書人のいる約束手形でも，信用のある手形支払人の場合はいいちいち受取人欄を補充しなくても実務上支障がないからです。そこで，受取人白地の手形を入金しようとする貯金者には，白地のまま受け入れた場合でもＪＡは白地を補充せずに呈示すること，万一不渡りになったときは中間裏書人や為替手形の振出人に遡求できなくなることを説明し，理解を得たうえで，白地のまま入金するか白地を補充して入金するかは貯金者の判断に任せるようにするのがよいでしょう。

●白地手形と白地のままの呈示

　　　　　　　　取立までに補充されることを予定して手形要件の
【解説】　　　　一部が白地のまま流通している手形を，白地手形
　　　　　　　　（手形法10条・77条2項）といいます。白地手形は，
支払のための呈示が行われるまでに白地部分の補充がなされる必要があり，もし手形要件の一部が白地のまま呈示されても適法な呈示とはならず，手形支払人は手形金を支払うことを要しないとするのが法律の原則です。したがって，白地手形や白地小切手を手形要件等が白地のまま取立しても不渡り（要件不備による0号不渡り）となってしまうのが原則です。しかし，手形の受取人と小切手および確定日払の手形（現在，流通している手形のほとんどすべてが確定日払です）の振出日については記載のないまま取立されても決済するのが実務の取扱

50

いとなっています(当座勘定規定18条)。そのため、実際の取引では、受取人や振出日が白地のままの手形や小切手が数多く流通し、そのまま決済されているのが実情です。

もっとも、受取人や振出日が白地のままの手形や小切手も、法的には手形要件等が一部白地の未完成の手形や小切手ですから、そのまま支払呈示をしても適法な呈示が行われたことにはなりません。支払人などに資力があってそのまま決済されれば問題はないのですが、不渡りとなった場合には、支払呈示期間内に適法な呈示がない手形や小切手となりますから、中間裏書人や為替手形および小切手の振出人に対する遡求権が失われることとなります(手形法43条・77条1項4号、小切手法39条。最高裁昭和41年10月13日判決(金判31号10頁))。

●手形や小切手の入金についての貯金規定の定めと顧客保護

一方、貯金規定には「手形要件、小切手要件の白地はあらかじめ補充してください。当組合は白地を補充する義務を負いません」(当座勘定規定1条2項)等の規定を置いて、白地の補充は手形や小切手を入金する貯金者が行うことを求め、ＪＡには白地の補充義務がないことを明記しています。したがって、貯金規定上は貯金者が白地手形を入金しようとした場合にも、ＪＡはとくに何もしないでそのまま受け入れてもさしつかえなく、法的な責任を負うこともないということになります。

しかし、それでは、手形や小切手の扱いに慣れていない貯金者に思わぬ損害が生じてしまったり、貯金者の単純な事務的ミスによって不渡り等の余計な処理が必要になったりしかねず、ＪＡにとっても好ましいことではありません。貯金規定に「手形要件、小切手要件の白地はあらかじめ補充してください」とある以上、これを可能な限り遵守させるのもＪＡの務めだと思います。そこで、ＪＡが通常用いている事務手続でも、白地手形や小切手については、入金しようとする貯金

51

者に補充するように依頼して補充してから受け入れることを原則としています。

　　　　　　　●白地手形等を入金しようとする貯金者への説明の仕方
　もっとも，白地手形等を入金しようとする貯金者に対し，ただ白地を補充してから入金してくださいと求めるだけでは十分な対応とはいえないと思います。とくに，受取人の記載や小切手や確定日払の手形の振出日の記載については，白地のまま呈示しても決済されることから，貯金者のなかにはそれらの記載はなくてもまったく問題がないと誤解している人も多いと思います。白地手形や白地小切手について，ＪＡは白地を補充することなくそのまま呈示すること，その場合にどういう問題があるかをきちんと説明し，貯金者の理解を得たうえで，白地を補充するか否かは貯金者に判断してもらう対応が最も適当だと思います。

　では，具体的にどのように説明すればよいでしょうか。白地のまま呈示した場合の法律関係や実務は上述のとおりですから，次のとおり説明するとよいでしょう。

　① 　白地手形や白地小切手を白地のまま呈示した場合，支払人等に資力があっても決済されずに不渡りとなるのが原則です。また，その場合には，中間裏書人や為替手形や小切手の振出人に対し遡求権を行使して遡求することはできません。

　② 　ただし，白地部分が受取人欄か小切手または確定日払の手形の振出日欄の場合は，そのまま呈示しても決済されますが，支払人等に資力がないなどの理由で不渡りとなった場合には，中間裏書人や為替手形や小切手の振出人に対し遡求権を行使して遡求することはできません。

　③ 　白地手形等を呈示して不渡りとなった場合に，中間裏書人や為替手形や小切手の振出人に対し遡求権を行使するには，白地を補

11. 白地手形の貯金口座受入れと白地の補充

　　充したうえで適法な支払呈示期間（確定日払の手形の場合，満期日とそれに次ぐ2取引日の間。小切手の場合，振出日から起算して10日以内）に再度呈示する必要があります。

　以上の点を説明し，貯金者の理解を得たうえで，実際に白地を補充するのか白地のまま入金するのかは，貯金者自身に判断してもらうようにするのがよいでしょう。なお，受取人欄か小切手または確定日払の手形の振出日欄以外の手形要件・小切手要件が白地の手形等は必ず不渡りとなり，取立をする実質的な意味がありませんから，貯金者に特別な理由がない限り，必ず補充してから入金するように求めるべきでしょう。

第1章　貯金取引の開始・受入れ

12. 手形要件や裏書に訂正のある手形の貯金受入れ

質問

取引先のＢさんが手形を普通貯金に入金するために来店されました。貯金係が入金する手形を精査していると，手形の受取人欄が空白の手形がありました。そこで，貯金係からＢさんに受取人欄の補充をお願いしたところ，Ｂさんは手形の裏面をよく確認せずに受取人欄にＢさんの氏名を記入してしまいました。

念のため手形の裏面を確認したところ，第一裏書人としてＡさんの裏書があってＢさんに裏書譲渡されていることが判りました。受取人をＢさんとしたままではこの手形は裏書不備で不渡りになってしまいます。かといって，受取人欄の記載をＢさんからＡさんに訂正した場合には，訂正印等は誰の印鑑が必要になるか判りません。

どのようにしたらよいでしょうか。ＢさんもＪＡの貯金係も途方に暮れてしまいました。

実務対応

手形や小切手の記載事項の訂正の可否やその方法については，法律にはとくに定めはありませんので，法律上は金額欄を含めて訂正は可能で，訂正印等は不要であると考えられます。

質問の事例のように受取人白地で振り出された手形について所持人が誤記した場合には，手形所持人は，その手形に関しては手形用法の

規制を受けず法律の原則がそのまま適用されますから、誤記を任意の方法で訂正すればよく、訂正印の押印も不要ということになります。したがって、Bさんに受取人名をAさんと訂正してもらったうえで貯金に受け入れればよいことになります。

もっとも、当座勘定取引先と口座を開設した金融機関との間の約定である約束手形用法、為替手形用法、小切手用法には、「金額を誤記されたときは、訂正しないで新しい手形（小切手）用紙を使用してください。金額以外の記載事項を訂正するときは、訂正箇所にお届け印をなつ印してください」とありますから、当座勘定取引先が取引金融機関を支払場所とする手形等に関して訂正する場合には、この方法によるように求めることになります。

●白地手形の受入れについて

解説　白地手形の受入れについては前項（11．白地手形の貯金口座受入れと白地の補充）で解説したとおり、手形の所持人（手形を入金しようとする貯金者）に補充をするように求め、手形の所持人が補充するのが原則です。その際に、質問の事例のように誤記してしまった場合の対応については、どのような方式で訂正すればよいか疑問となるところです。

●手形等の記載事項の訂正について

手形法や小切手法には、記載事項の訂正についてとくに規定はありません。また、他の法令にも、文書の記載事項にかかる一般的な訂正方法の規定はありません。したがって、手形や小切手の記載事項については、金額の記載を含めて訂正したことが明らかに判るように適宜の方法で訂正すればよいとするのが法律の建前です。日本の取引では、記載事項の訂正は抹消したい部分を二重線で抹消し、そこに書面の作成者の印鑑で訂正印を押印する方法が慣行となっていますが、こ

の方法が法律上も求められているわけではありません。

　ただし，当座勘定取引先と金融機関との間の手形用紙・小切手用紙の取扱いのルールを定めた約束手形用法，為替手形用法，小切手用法には，「金額を誤記されたときは，訂正しないで新しい手形（小切手）用紙を使用してください。金額以外の記載事項を訂正するときは，訂正箇所にお届け印をなつ印してください」という規定があり，当座勘定取引先とその取引先が当座勘定を開設している金融機関との間では，金融機関は取引先に対し金額の訂正はしないことと，訂正の方法の遵守を求めることができることになっています。もっとも，手形用法等は，当座勘定取引先と取引金融機関との間の当座勘定取引にかかる手形用紙や小切手用紙の作成方法に関する約定ですから，当座勘定取引がない貯金者はもちろん，当座勘定取引先でも第三者が支払人となっていたり他行が支払場所となっていたりする手形や小切手に関しては適用されません。

●質問の事例に対する対応

　質問の事例のように，手形支払人や小切手の振出人以外の者が所持している白地手形や白地小切手の補充をする際に誤記してしまった場合には，上述のとおり約束手形用法等の適用もありませんので，法律の建前に従って適宜の方法で訂正して正しい補充を行えばよく，訂正印等の押印は不要ということになります。

　なお，金額の訂正や訂正方法相違を理由に不渡りとする場合には，0号不渡事由，第1号不渡事由に該当しないので，第2号不渡事由によることになりますから（東京手形交換所規則施行細則77条等），手形支払人や小切手の振出人がとくに希望しない限り決済する（不渡りにはできない）扱いとなります。

13. 先日付小切手の入金・取立の時期

質問

普通貯金の取引先Aさんから貯金として受け入れた数通の他店券のなかに、1枚の先日付小切手がありましたが、これについては、Aさんからは特別な申出はありませんでした。
　貯金係は、ただちに交換呈示をしてよいと考えましたが、同僚のなかには、振出日まで呈示は保留すべきだと主張する者もいます。
　どう取り扱うのが正しい処理でしょうか。

実務対応

小切手の法的性質からいえば、先日付小切手であってもただちに呈示して問題はありませんが、Aさんが振出日付まで呈示しないよう申し出ることを失念したことも考えられますから、遅滞なくAさんに連絡して意向を確かめ、これに従って取り扱うことが必要です。貯金係だけの判断で処理することは避けるべきです。

解説

●先日付小切手も一覧払であることに変りはない
　小切手はつねに一覧払であり（小切手法28条1項）、期日を設けることはできません。また、支払呈示期間の定めはありますが（同法29条1項）、振出日付前に呈示があればその日に支払うべきものとされており（同法

28条2項），振出人は振出日前であることを理由に支払を拒むことはできません。この小切手法の規定を受けて，金融機関も当座取引先に対して小切手用法により「先日付の小切手でも呈示を受ければ支払うことになります」（2条）と，その取扱いを明らかにしています。

　　　　　●取立に回す前に貯金者の意向を確かめる配慮が望ましい

　商取引の実際においては，小切手振出人の資金繰りの都合から，代金の支払は後日とするが，小切手だけは取引成立時に交付しておくということが行われます。このような場合，小切手は当事者間で約束された支払日またはその前日を振出日付として振り出され，受取人は振出日付前には呈示または貯金口座に入金しないことが特約されるのが通常です。

　そこで，質問のAさんが先日付小切手の受取人であって，振出人との間で上記のように特約していれば，振出日付前に呈示することは契約違反となります。このため特別の事情がない限り，Aさんには日付前に呈示する意思はないと思われます。

　Aさんが受取人以外の所持人である場合でも，先日付小切手であることを知っていれば，不渡りとなる可能性の高い振出日付前の呈示は避けるかもしれません。

　もちろん，何らかの事情があって，すぐに呈示してもらうつもりで預け入れる場合もあるでしょうが，いずれにせよ呈示の時期を選択するのは所持人であり，貯金係が判断するものではありません。ＪＡは小切手の取立受任者であり，善良な管理者としての注意義務がありますが，貯金者が特別の申出をしなかったわけですから，そのまま取立をしても善管義務には違反しないでしょう。しかし，後日のトラブルを回避するという意味で，そのまま取り立てるのではなく，貯金者の意向を確かめるだけの配慮が必要でしょう。

14. 当店券による入金の取消し

質問

　Aさんは，当店の当座取引先Bさんが当店を支払人として振り出した小切手（当店券）1枚を，普通貯金口座に預け入れました。貯金係はただちにこれを入金処理し，通帳にも入金記帳してAさんに返却しましたが，Bさんの当座貯金から引き落そうとしたところ，残高が不足して小切手の引落しができません。さっそくBさんに連絡したところ，すぐ現金を届けるというので待っていましたが，結局その日のうちに入金はありませんでした。

　ところが，貯金係は，多忙にまぎれてAさんの普通貯金の入金取消しを失念してしまい，翌日になって思い出しました。

　この場合，Aさんに断わらずに入金取消しができるでしょうか。

実務対応

　当店券を窓口に持参して貯金口座への入金を依頼されたときの処理について，JAが通常用いている事務手続には，その当店券の引落し処理を行い決済を確認したうえで「振替」による貯金入金の手続をする，と定められています。

　質問の事例では，貯金係がこの事務手続の定めに違反して，当店券

の決済を確認しないで入金の処理を先行させ，そのまま記帳した普通貯金通帳を貯金者のＡさんに返却してしまっています。さらに，当日，その当店券が決済されなかったにもかかわらずＡさんへの連絡を失念し，入金日当日中にはＡさんに通知しなかったという二重のミスを犯しています。これらのミスによりＪＡに実損を与えかねない事態となっており，ＪＡは経営層を含めて全体で善後策を講じる必要があるでしょう。

　具体的な対策としては，Ｂさんが速やかに当座勘定に不足金を入金するなどして小切手の決済をした場合には，Ｂさんの当座勘定の過振りとして処理することになります。この場合には，Ａさんの普通貯金への入金は当初の手続のままでよいことになります。Ｂさんに資力がなく小切手の決済の見込みがない場合には，Ａさんに事情を説明し理解を得たうえで普通貯金の入金を取り消すという対応が，ＪＡにとっては最も好ましい対応ですが，Ａさんの同意は容易に得られないでしょう。その場合には，Ａさんの入金をそのままとしてＪＡがＢさんからの回収に努めることとするか，Ａさんに対し入金無効を主張して争うか，のどちらかの対応を比較検討することになるでしょう。

●当店券を貯金に受け入れる場合の事務手続

　貯金者からただちに取立できる当店券を貯金に入金したいという依頼があった場合の事務処理について，ＪＡが通常用いている事務手続では，受け入れる当店券の決済（当該当座貯金からの払戻し）を行ったうえで貯金への入金処理を行うこととされています。この場合の入金処理は，他店券入金の場合と異なり「振替」によることとされており，入金された資金はただちに払戻しができることとなります。

　この処理を行う際に注意しなければならなのは，オペレーションの

14. 当店券による入金の取消し

順番を間違えないということです。この処理には，当店券による当座勘定からの払戻しの処理・オペレーションと振替による貯金入金と通帳記帳の処理・オペレーションが必要となります。この２つの処理は，同時に起票され貸借を確認したうえで一緒に検印を受けてオペレータに回ると思いますが，オペレーションの段階で貯金への入金のオペレーションを先に行ってしまうと，後から当座勘定からの払戻しのオペレーションの際に残高不足で払戻しができなかった場合に，この質問の事例と同じ状態になってしまいます。事務手続で，当店券の決済を確認してから貯金の入金を行うと定めている意味は，当店券による当座勘定からの払戻しのオペレーションの完了（当座勘定の払戻しの処理の完了）を確認してから貯金口座への入金のオペレーションをするという意味だということに注意して取り扱う必要があります。

●貯金口座への入金記帳後に当店券の決済不能が判明した場合の法律関係

　事務手続の規定に反して，貯金への入金記帳を先行させて貯金者に入金記帳した通帳を返却した後に，貯金に入金された当店券の引落し処理を行おうとしたが残高不足で決済できなかった場合の法律関係については，どのように考えたらよいでしょうか。

　証券類の貯金受入れに関して貯金規定の定めは，貯金の種類ごとに若干規定内容が異なりますが，「決済を確認したうえでなければ，支払資金とはしません」，「証券類を受け入れたときは，その証券類が決済された日を預入日とします」などと規定されています。この法律関係については２通りの考え方があります。１つは，貯金契約（金銭消費寄託契約）は証券類の受入れの時点で成立し，証券類が不渡りとなることを解除条件として契約が失効するという考え方です。そして，もう１つが，証券類が取り立てられたことを停止条件とする貯金契約が成立しており，証券類が取り立てられた時から貯金契約の効力が生

第1章　貯金取引の開始・受入れ

じるという考え方です。

　また，判例には，貯金者が普通貯金に当店券の入金を依頼し，銀行は決済確認前に通帳に入金の記帳をして貯金者に交付したが，結局その当店券が不渡りとなった事例について，上述のような貯金規定の定めと，当店券の決済確認前に入金記帳等を行い貯金者に通帳を返却し，当店券が不渡りとなった場合には当日中に連絡するという銀行内部の取扱いを理由に，当店券の貯金入金の入金された当店券の不渡りの通知を解除条件とする貯金契約であるとしたものがあります（大阪高裁昭和42年1月30日判決（金法486号28頁））。

　以上のとおり，法律的な考え方の違いはありますが，証券類の貯金の受入れについては，証券類が当店券である場合も含めて，証券類が決済されたことを金融機関が確認した時点で，貯金契約の成立が確定するということになります。

●ＪＡの事務手続と決済を確認する前に入金処理をする場合の注意点

　ＪＡの事務手続では，上述のとおり，当店券の決済を確認してから貯金入金の処理をすることとされています。このことは，証券類の貯金受入れに関する法律関係に大きな影響を与えるものではないでしょう。万一，質問の事例のように決済を確認しないまま貯金入金の処理をしてそのまま通帳も返却してしまったからといって，入金した当店券が不渡りとなったにもかかわらず貯金の入金は確定的に成立していると主張することは難しいだろうと思います。

　しかし，長年ＪＡと取引している貯金者には，「ＪＡでは当店券は決済を確認してから入金処理をするので，入金の処理が終われば貯金の入金（当店券の決済）は確定している」と考えているかもしれません。事務の繁忙や当店券の決済口座の残高不足のため，やむをえず当店券の決済を確認しないで貯金入金の処理をして通帳等を返却する場合には，「当店券の決済を確認しておりませんので，決済を当ＪＡで

確認するまで払戻しはできません。万一，本日決済にならなかった場合にはご連絡いたしますので，入金の取消しの手続をお願いいたします」などの案内をすることが，絶対に必要です。質問の事例でも，このような案内をしていれば，ほとんど問題になることはなかったでしょう。

●**質問の事例についての具体的な対応**

　質問の事例についての対応ですが，最初に検討すべき事項はＢさんの信用状態です。もし，Ｂさんの信用状態に問題がなく事務的な手違いで当座貯金への入金が遅れたということであれば，Ｂさんから速やかに当店券相当額の入金を受けて，Ｂさんの当座勘定取引の過振り（当座勘定規定11条）として処理します。この場合は，もちろんＡさんの普通貯金の入金を取り消す必要はありません。

　Ｂさんに資力がなく入金された当店券がすぐには決済されない見込みの場合には，Ａさんの貯金への入金を取り消す必要があります。この場合は，できるだけ早くＡさんに何らかの方法で通知をします（電話でもよいが，電話の際にＡさんであること必ず確認すること）。そこで，Ａさんが貯金への入金の取消しに同意した場合にはただちに入金を取り消します。また，Ａさんには通帳の記帳と不渡りとなった当店券（小切手）の受取りを依頼します。なお，この場合に，Ａさんから入金取消しの同意書の提出を求めるべきかが問題となりますが，通帳に入金取消しの記帳がなされ貯金者に通帳が返却されますから，特別な事情がない限り必要ないでしょう。

　もし，Ａさんが入金の取消しに同意しない場合には，役席者とともにＡさんに事情を説明して説得にあたります。それでも同意を得られない場合には，同意のないまま入金を取り消すか，入金の取消しを断念してＢさんからの回収に努力することになります。いずれの場合も，ＪＡの経営にも関係する重要問題ですから，ＪＡ全体で対応を検

討する必要があるでしょう。また，法律問題も関係しますから，弁護士等とも相談することも検討します。

　なお，当店券による貯金入金の場合，他店券を入金した場合のように貯金の払戻しをシステム上制限することができませんので，決済が確認される前に払戻しされてしまう場合も考えられます。その場合に，入金された当店券が不渡りになると，貯金者との関係は一層複雑になってしまいます。

第2章

貯金の管理

第2章　貯金の管理

15. キャッシュカードの発行申込み受付時の留意点

質問

　ＪＡの店舗の窓口で貯金係をしている新入職員のＡさんのところに，近所に住む友達のＢさんが，普通貯金口座の開設とキャッシュカードの発行の手続にやってきました。
　Ａさんは張り切って手続をしようと手続などの説明を始めましたが，担当になって間もないＡさんは，これまでキャッシュカードの発行手続をしたことがありませんでした。
　確か特別に説明しなければならないことや注意しなければならないことがあったと思ったのですが，とっさに思い出せませんでした。

実務対応

　普通貯金や総合口座の開設申込みを受けたときは，必ずキャッシュカードの利用を勧めます。キャッシュカードを使うことにより，全国のＪＡのＡＴＭやセブン銀行や三菱東京ＵＦＪ銀行，ゆうちょ銀行などの提携金融機関のＡＴＭが利用できるなど，利用者の利便性が一気に広がります。キャッシュカードには，通常のキャッシュカードの他に，ＪＡカード（クレジットカード）と一体となったＪＡカード（一体型）もあります。また，生体認証による取扱いも可能な場合もあります。取り扱うことができるカードの種類をよく確認し，利用者に一番便利なカードの利用を勧めます。

15. キャッシュカードの発行申込み受付時の留意点

　カードの申込み受付の際には、暗証番号の登録も行いますが、暗証番号は電話番号、生年月日などから推測可能な番号は登録できません。また、同じ数字４つを並べたものも使えません。暗証番号の申出を受ける際には、申込者にこの点を説明して暗証番号を決めてもらいます。また、暗証番号は、ＡＴＭで利用者自ら変更が可能です。定期的に変更することを勧めましょう。暗証番号とカードがあれば誰でもＡＴＭを操作して貯金払戻しができることをよく説明し、暗証番号をみだりに他人に教えたり（ＪＡから暗証番号を照会することがないことも合わせて説明します）、暗証番号をカードにメモしたり、暗証番号をメモした紙をカードと一緒に保管したりしないことなどを説明して注意を促します。

　その他、出来上がったカードは届出の住所に「簡易書留（転送不要扱い）・親展」で送付して交付すること、カードの取扱店舗や取扱時間、カードを紛失した場合には速やかにＪＡに連絡すること、１日の出金限度額、などについても説明します。

●キャッシュカードの利便性とキャッシュカード利用の推進

　キャッシュカードは、今や個人の貯金取引では欠かせないものとなっていると思います。ＪＡバンクのキャッシュカードでも、全国のＪＡバンクはもちろんのこと、セブン銀行、三菱東京ＵＦＪ銀行、ゆうちょ銀行などの提携金融機関のＡＴＭも利用可能なことや夜間や休日でも利用可能であること（手数料がかかる場合やサービスが限定される場合があります）など、キャッシュカードを活用することで利用者の利便性は飛躍的に向上します。さらに、ＪＡバンクのキャッシュカードには、ＪＡカード（クレジットカード）と一体となったＪＡカード（一体型）や生体認証による取扱いもできる場合もあるなど、便利さや安全性も向上しています。

67

第2章　貯金の管理

　ＪＡバンクの貯金では，普通貯金，総合口座，貯蓄貯金でカードの発行が可能です。これらの口座の開設申込みの際はもちろん，既往口座でカード未発行の利用者には，来店の機会をとらえてカード発行の推進を積極的に行うことが重要です。

　その場合，利用者のライフスタイルや貯金口座の利用の仕方などに応じて，ＪＡで取り扱っているカードのうちどのようなカードを勧めればよいかを考え，勧めることが重要です。

●カード申込時の留意事項

　カード発行の申込みを受けた場合には，事務手続に従って手続を進めることになりますが，とくに注意しなければならない点は次のとおりです。

(1) **本人確認を確実に行うこと**

　カード発行の申込みを受けた場合，本人確認を確実に行う必要があります。口座開設と同時にカードの申込みを受け付けた場合は，犯罪収益移転防止法に定める本人確認の方法によって行います。また，すでに開設された貯金口座についてカードを発行する場合は，口座名義人本人からの申出であることを厳格に確認する必要があります。カード申込書には届出印の押印を受けますので，この印鑑の照合はもちろんですが，顔写真付きの公的証明書（運転免許証やパスポート）や顔写真のない本人確認書類で本人確認を行う場合には，口座開設時等の本人確認の際に記録した生年月日，届出住所，電話番号などを聴取して本人確認するなどします。さらに，口座名義人本人にカードを確実に交付するために届出住所宛てに「簡易書留郵便（転送不要）。親展」で送付して交付します。

　カード発行の申込み受付時の本人確認は，貯金払戻しの際の本人確認よりも厳格に取り扱います。これは，貯金払戻しの場合はその時1回の取引限りの問題であること，日常の処理であり迅速な対応が求め

られていることなどから，免責規定等の解釈等でも金融機関に求められる注意も限定されると考えられるのに対し，口座名義人本人になりすまして第三者がカードの交付を受けてしまうと，第三者がその口座から自由に払戻しできてしまい大変な事態が生じる危険があること，カード発行はカードの作成・発行事務に時間を要するなど全体に時間を要する手続であり，迅速性の要請はそれほど高くなく慎重な本人確認を行う時間的な余裕もあること，などが理由です。

(2) 暗証番号に関する説明

カードの申込者には，カードをＡＴＭに挿入して暗証番号を入力すると誰であっても払戻し等の取引ができることをよく説明し，カードと暗証番号の管理には十分注意するように説明します。

とくに暗証番号については，暗証番号を決める際には，生年月日・電話番号・郵便番号・口座番号などから推測できるような番号や同じ数字を4つ並べるような番号など簡単に推測できる番号は用いないこと，暗証番号は利用者がＡＴＭを用いて変更することができるので定期的に変更するようにすること，暗証番号をカード本体にメモしたり暗証番号をメモした紙をカードと一緒に保管したりしないこと，暗証番号をみだりに他人に教えないこと（なお，ＪＡから電話等で暗証番号を照会することはないことも合わせて説明します）などの注意事項を説明します。

●その他の説明事項

以上で解説した他に，カード発行申込者に説明を要する事項は次のとおりです。内容が多岐にわたりますので，パンフレットを渡して説明したり，説明用のシートを用意してそれにもとづきながら説明したりして，要領よく判りやすく説明できるように工夫するなど事前に準備しておくことが大切です。

① 出来上がったカードは届出住所宛てに「簡易書留郵便（転送不

第 2 章　貯金の管理

要）。親展」で送付すること。
② 　取扱店舗・取扱時間・手数料に関すること。とくに，利用時間や提携金融機関のＡＴＭの場合には手数料が必要になる場合もあること。
③ 　１日の出金限度額について。
④ 　カードを紛失した場合にはＪＡに電話等でただちに連絡すること。
⑤ 　その他カード規定等の約定内容。とくに，カード・暗証番号の管理，偽造カード・盗難カードによる払戻しがあった場合の取扱いや補償について（なお，参考として全国銀行協会が傘下金融機関に通知した「偽造・盗難キャッシュカードに関する預金者保護の申し合わせ」を掲載します。ＪＡバンクでもこの申し合わせに準じて取り扱うこととしています）。

15. キャッシュカードの発行申込み受付時の留意点

平成 17 年 10 月 6 日

偽造・盗難キャッシュカードに関する預金者保護の申し合わせ

全国銀行協会

　銀行界は「偽造カード等及び盗難カード等を用いて行われる不正な機械式預貯金払戻し等からの預貯金者の保護等に関する法律」（以下，「法律」という。）を踏まえ，預金者保護に関する取り組みを一層強化するとともに，預金に対する信頼を確保すべく以下のとおり申し合わせる。

1．各行は法律の趣旨を真摯に受け止め，キャッシュカード等を用いて行われる不正な機械式預金払戻し等の防止のための措置を講じること。
2．各行はできるだけ速やかに，機械式預金払戻し等に係る認証の技術の開発ならびに情報の漏洩防止および異常な取引状況の早期の把握のための情報システムの整備その他の措置を講じることにより，機械式預金払戻し等が正当な権限を有する者に対して適切に行われることを確保できるようにすること。
3．各行は預金者に対する情報の提供ならびに啓発および知識の普及，容易に推測される暗証番号が使用されないような適切な措置等を講じること。
4．各行は法律の趣旨を踏まえ，預金者の年齢（特に高齢者など），心身の状況等に十分配慮した対応を行うこと（特に，預金者からキャッシュカードの盗難に関する状況について説明を受ける際や，預金者の（重）過失の有無を判断する場合など）。
5．各行が，「カード規定試案」の改正に基づき，各々の約款を改定するにあたっては，暗証番号を生年月日等の類推されやすいものとして

第2章　貯金の管理

いたことを過失の一要素として認定するには，預金者に個別的，具体的，複数回にわたる働きかけを行うことが前提となることなど国会において審議されたことを踏まえ，今後，預金者向けに告知を行うポスター，リーフレット，ダイレクトメールなどには下記の「重大な過失または過失となりうる場合」を必ず記載し，預金者に対し明示すること。

記
【重大な過失または過失となりうる場合】

1．（本人の重大な過失となりうる場合）

本人の重大な過失となりうる場合とは，「故意」と同視しうる程度に注意義務に著しく違反する場合であり，その事例は，典型的には以下のとおり。

(1) 本人が他人に暗証を知らせた場合
(2) 本人が暗証をキャッシュカード上に書き記していた場合
(3) 本人が他人にキャッシュカードを渡した場合
(4) その他本人に(1)から(3)までの場合と同程度の著しい注意義務違反があると認められる場合
(注) 上記(1)および(3)については，病気の方が介護ヘルパー（介護ヘルパーは業務としてキャッシュカードを預ることはできないため，あくまで介護ヘルパーが個人的な立場で行った場合）等に対して暗証を知らせた上でキャッシュカードを渡した場合など，やむをえない事情がある場合はこの限りではない。

2．（本人の過失となりうる場合）

本人の過失となりうる場合の事例は，以下のとおり。

(1) 次の①または②に該当する場合
　① 金融機関から生年月日等の類推されやすい暗証番号から別の番号に変更するよう個別的，具体的，複数回にわたる働きかけが行われたにもかかわらず，生年月日，自宅の住所・地番・電話番号，

15. キャッシュカードの発行申込み受付時の留意点

　　勤務先の電話番号，自動車などのナンバーを暗証にしていた場合であり，かつ，キャッシュカードをそれらの暗証を推測させる書類等（免許証，健康保険証，パスポートなど）とともに携行・保管していた場合

　② 暗証を容易に第三者が認知できるような形でメモなどに書き記し，かつ，キャッシュカードとともに携行・保管していた場合

(2) (1)のほか，次の①のいずれかに該当し，かつ，②のいずれかに該当する場合で，これらの事由が相まって被害が発生したと認められる場合

　① 暗証の管理

　　ア　金融機関から生年月日等の類推されやすい暗証番号から別の番号に変更するよう個別的，具体的，複数回にわたる働きかけが行われたにもかかわらず，生年月日，自宅の住所・地番・電話番号，勤務先の電話番号，自動車などのナンバーを暗証にしていた場合

　　イ　暗証をロッカー，貴重品ボックス，携帯電話など金融機関の取引以外で使用する暗証としても使用していた場合

　② キャッシュカードの管理

　　ア　キャッシュカードを入れた財布などを自動車内などの他人の目につきやすい場所に放置するなど，第三者に容易に奪われる状態においた場合

　　イ　酩てい等により通常の注意義務を果たせなくなるなどキャッシュカードを容易に他人に奪われる状況においた場合

(3) その他(1)，(2)の場合と同程度の注意義務違反があると認められる場合

　　　　　　　　　　　　　　　　　　　　　　　　　　　以　上

第2章　貯金の管理

16. 貸越極度額を超過した総合口座の取扱い

質問

　Aさんの総合口座の残高は，極度額いっぱいに近い貸越残高となっていましたが，利息決済日に貸越利息を元加したところ残高が極度額を超過してしまいました。すぐに超過額を支払うように連絡しましたが入金がありません。その後も何回か電話で連絡をし，また5か月を経過したときに文書（郵便）で督促を行うなどしましたが，入金がなくもうじき6か月を過ぎようとしています。

　貸越極度額を超過したまま6か月が経過した場合には，担保の定期貯金を解約して返済に充てることとなっていますが，具体的にはどのようにしたらよいのでしょうか。

実務対応

　総合口座取引規定では，利息の貸越元金への組入れによって貸越極度額を超過したまま6か月を経過した場合には，取引先は貸越元利金の全額について，JAからの請求がなくてもただちに支払わなければならない旨が規定されています（総合口座取引規定13条1項3号）。一方，JAが通常用いている事務手続にも，貸越極度額を超過したまま6か月を経過した場合には，担保の定期貯金を解約して貸越超過額を回収することが規定されています。

　取引先の信用状況に大きな問題はなく引き続き総合口座取引を継続

16. 貸越極度額を超過した総合口座の取扱い

する場合には，事務手続に従い差引計算の規定（総合口座取引規定15条1項1号後段）にもとづき，ＪＡが自ら担保定期貯金を解約して普通貯金口座に入金し，貸越元利金を回収します。この場合の担保定期貯金の解約は中途解約になることが多いと思いますが，利息は中途解約利率でなく解約日までの約定利率によって計算することとなるので（同規定15条2項）注意します。また，差引計算の実行後に取引先に文書でその旨を通知します。

　一方，取引先が破産手続開始を申し立てるなど信用状態に大きな問題がある場合には，総合口座取引にもとづく貸越を継続できる状態とはいえないので，ＪＡが担保定期貯金を解約し貸越元利金全額を回収したうえで，貸越取引も解約（総合口座取引規定14条2項）します。なお，この場合は，差引計算の方法によらず相殺によって回収するようにします。

解説 ●総合口座取引の貸越極度額の超過と即時支払

　総合口座取引では，総合口座取引として預け入れた定期貯金等を担保にした当座貸越取引によって普通貯金の残高を超えての払戻しが可能となります。この当座貸越は，担保となる定期貯金等の残高の90％または200万円のどちらか低い額を当座貸越の限度額（極度額）としている金融機関が多く，取引先はその範囲で普通貯金の残高を超えて払戻しを受けることができることになります（総合口座取引規定6条）。したがって，利用者が普通貯金の払戻しを受けることに伴って当座貸越が実行される場合には，極度額を超過することはありません。当座貸越の残高が極度額を超えるのは，利息の支払が行われる場合に限られます。当座貸越の利息は，年2回の利息決算日（通常は2月と8月）にそれまでの利息を計算して普通貯金から引き落とすか当座貸越の元金に組

75

第2章　貯金の管理

み入れる方法で決済します（同規定8条1項1号）。このとき，当座貸越の残高が極度額に近い金額になっていると利息の貸越元金の組入れによって極度額を超過する場合があります。このようにして極度額を超過した場合には，極度額を超える部分についてＪＡからの請求あり次第ただちに支払うこととされています（同規定8条1項2号）。

　ところで，総合口座取引規定13条（即時支払）には，取引先に一定の事由が生じた場合に当座貸越の元利金全額についてただちに支払うべき旨が規定されています。同条1項には，一定の事由が生じた場合にはＪＡからの請求等がなくても当然に支払うべき旨が，同条2項には，ＪＡからの請求により支払うべき旨が規定されています。極度額を超過した状態で6か月を経過したという事由は同規定13条1項3号に規定されており，この場合には，貸越元利金全額についてＪＡからの請求等がなくてもただちに支払うべきことになります。

　また，即時支払に該当する事由が生じた場合には，ＪＡから貸越を中止または貸越取引を解約することもできるとされています（総合口座取引規定14条2項）。

●極度額を超過した場合の実務

　利息を貸越元金に組入れしたことにより極度額を超過してしまった場合の実務について，ＪＡが通常用いている事務手続では次のとおり規定しています。

①　極度額を超過した口座があった場合には，電話等でただちに取引先に連絡し，極度超過額をすぐに入金するように求めます。その後も入金が確認できるまで，役席者等からの連絡も含め，適宜電話等で入金を求めます。

②　入金がないまま5か月を経過した時点で，文書で督促をします。この文書の中には，6か月を経過した場合には担保の定期貯金等を解約して元利金の返済に充てる旨が定められている旨を付記し

16. 貸越極度額を超過した総合口座の取扱い

ます。

③　入金がないまま6か月が経過した時点で，ＪＡは担保の定期貯金を解約（中途解約）して当座貸越の元金と未収利息を回収します。その場合に解約する担保の定期貯金の解約利息は，解約日までの約定利率によって計算します（総合口座取引規定15条2項）。また，取引先には「差引計算のお知らせ」（書式例後掲）により差引計算を行ったことを通知します。

　この処理は，取引先との総合口座取引やそれに付随する当座貸越取引を解約したり中止したりすることはしていません。この処理でいったん当座貸越の元利金全額が回収され，担保の定期貯金等もほとんど解約されてしまうことが多いと思いますが，総合口座取引にもとづく当座貸越取引は解約も中止もされていません。担保に組み入れられた定期貯金等が残っていたり新たに定期貯金を預け入れたりすれば，取引先は今後も総合口座取引とそれに付随する当座貸越取引を継続して利用することができることになります。

　もっとも，総合口座取引では，当座貸越は担保となる定期貯金等の残高の一定割合以下の金額を極度額として行われますから，利息が累増しない限り貸越元利金が担保定期貯金等の残高を上回ることはなく，貸越元利金の回収に懸念が生じることはありません。この事務手続は，このような総合口座取引の性質を考慮して，未収利息が累増しないように6か月ごとに到来する利息決済日に合わせて担保の定期貯金等を解約して貸越元利金を清算するようにしたものです。

　　　　　　●総合口座取引先の信用が大きく傷ついている場合の対応
　しかし，総合口座取引先が行方不明になっていたり破産手続の開始申立を準備しているなど，破綻状態にあったりするなど信用状態が大きく傷ついている場合には，いくら担保の定期貯金があるからといって当座貸越取引を継続しているわけにはいきません。とくに，破産

77

第2章　貯金の管理

手続などの法的倒産手続になると、本人が財産の管理処分権を失う結果、差引計算ができなくなること、担保処分や相殺にも制限が加わること、とくに破産手続開始申立後に行われた当座貸越の元利金は相殺によっても回収ができないことがあること（破産法71条1項4号）など、総合口座取引に付随する当座貸越取引といっても安易に継続するわけにはいきません。また、上述の手続では差引計算によって担保定期貯金の解約により回収を行う扱いとしていましたが、破産手続などの法的な倒産手続には、支払不能の状態になった後に破産者が行った弁済等を否認することができる規定（破産法162条1項）などがあり、ＪＡが取引先の代理人となって定期貯金を解約し元利金に弁済する処理である差引計算の効力を、法的手続開始後に否認される可能性もでてきます。上述の事務手続に定められた処理は、あくまでも取引先の信用が大きく傷ついていない場合の処理だということを理解してください。

　では、総合口座の取引先の信用状態が大きく傷ついているとみられる場合にはどのように対応すべきでしょうか。この場合、できる限り取引先の状況の把握に努め、貸越極度額を超過して6か月を経過する前に、即時支払に該当する事情である「支払の停止」、「破産、民事再生手続開始の申立」がないかに注意し、そのような事情があればただちに即時支払の状況に至ったと判断して、回収手続に入ります。また、そのような事情がなく貸越極度額を超過して6か月を経過した場合も、同様に回収手続に入ります。

　この場合の回収は、担保の定期貯金と貸越元金および未収利息を相殺（民法505条）によって回収するようにします。具体的には、ＪＡから取引先に対し内容証明郵便（配達証明付き）で相殺通知を送付したうえで担保の定期貯金等を解約し、貸越元金と未収利息に充当します。また、あわせて、当座貸越取引を解約する旨の通知も同様に内容

16. 貸越極度額を超過した総合口座の取扱い

◎差引計算のお知らせ

平成　年　月　日

(住　所)
(氏　名)　　　　　　様

(住　所)
農業協同組合　　支店

差引計算のお知らせ

　あなた様の総合口座貸越残高は，貸越極度額を超えてからすでに6か月を経過しております。このままでは，貸越金のお利息もかさむこととなりますので，当組合は，本日，総合口座取引規定により，次のとおりあなた様の定期貯金の元利金の払戻しを受け，貸越元利金の返済にあてさせていただきました。なお，貸越元利金ご返済後の残金は，次のとおりお預かりしておりますので，お早めに通帳をご持参のうえ，ご来店くださるようお願い申し上げます。

1．定期貯金および税引後利息
　(1) 元　　金　　　　　　　　　　円 (No.　　　　　)
　(2) 元　　金　　　　　　　　　　円 (No.　　　　　)
　(3) 元　　金　　　　　　　　　　円 (No.　　　　　)
　(4) 税引利息合計　　　　　　　　円 (別紙利息計算書ご参照)
2．貸越金および利息
　(1) 元　　金　　　　　円
　(2) 利　　息　　　　　円 (平成　年　月　日から
　　　　　　　　　　　　　　平成　年　月　日まで)
3．残金のお取扱い
　(1) 総合口座定期貯金　　　　　　円 (No.　　　　　　)
　(2) 総合口座普通貯金入金額　　　　　　　　円

> ご参考
> 差引計算後のあなた様の総合口座の残高は，次のとおりとなっております。
> 　　　　定期貯金　　　　　口　　　　　　　円
> 　　　　普通貯金　　　　　口　　　　　　　円

以上

第2章　貯金の管理

証明郵便（配達証明付き）で送付し，貸越取引の解約の処理を行います。

　なお，この場合の通知類は行方不明となっている場合や他所に住んでいることが判っている場合でも届出の住所地に送付しますが，他所に住んでいる場所が判っている場合にはそちらの所在地にも送付するようにします。

成年後見人等の就任と届出

　各種の貯金規定には，貯金取引先について家庭裁判所の審判により，補助・保佐・後見が開始された場合には直ちに届出すること，届出前に生じた損害についてＪＡは責任を負わない旨が規定されています。最近，この規定を有効なものと認め届出前の保佐人の同意のない貯金払戻しを取り消しできないとした判決がありました（東京高裁平成22年12月8日判決）。この判決については，『ＪＡ金融法務』2012年4月号（No.492）に詳しい解説がありますので，ぜひご覧ください。

17. 普通貯金から当座勘定への口座振替契約

質問

　Aさんは，JAに当座勘定と普通貯金の2つの口座を持っていますが，当座勘定には平素残高をおかず，手形・小切手が呈示されるつどJAからの電話連絡を受け，そのつど必要額を普通貯金から振り替えて決済していました。
　ところが，このたびAさんから，「口座振替依頼書を提出するから，今後は自動振替で決済してほしい」との申出がありました。
　JAは，この申出に応じてもよいでしょうか。

実務対応

　利用者と口座振替契約を締結して普通貯金から当座勘定への自動振替を継続して行うことは，当座貯金に利息を付けることと実質的に異ならず，当座預貯金に利息を付すことを禁止した臨時金利調整法の趣旨に違反する脱法的な対応ですから，絶対に取り扱ってはなりません（臨時金利調整法2条1項，金融機関の金利の最高限度に関する件）。
　さらに，質問の事例のように，電話による普通貯金から当座勘定への振替を継続的に行うことも同様の取扱いとして脱法行為とみられる可能性が高いと思います。加えて，電話の連絡だけで普通貯金から払い戻し当座勘定に振り替えるという便宜的な取扱いは，たとえ事後速やかに通帳と届出印を押印した払戻請求書が提出される場合であって

第2章　貯金の管理

も，事故を誘発しかねない処理として許されません。

　質問の事例の場合，Ａさんからの新たな申出はもちろん，これまでの取扱いも速やかに是正すべきです。ＪＡは，Ａさんに以上の事情を丁寧に説明し，今後はこのような便宜的な取扱いはできないことに理解を求めるようにする必要があります。

●当座貯金に利息はつけられない

解説　当座勘定取引は，ＪＡが取引先との間で，取引先がＪＡを支払人として振り出した小切手，またはＪＡを支払場所として振り出しもしくは引き受けた手形の支払事務を担当することを約し，その支払資金として金銭の消費寄託を受ける取引です。

　当座貯金とは，この寄託された支払資金をいいます。したがって，当座貯金は，普通貯金や定期貯金のような本来の貯金というよりも，むしろＪＡに委託した事務処理費用の前払いという性格が強いものです。このため，臨時金利調整法2条1項にもとづく大蔵省（現：財務省）の告示「金融機関の金利の最高限度に関する件」（昭和23年1月10日）により，預貯金金利が完全に自由化された現在でも，当座貯金には利息をつけないことになっています。

　ところが，平素は当座勘定には支払に足りるだけの残高をおかず，あらかじめ継続的な口座振替契約を締結しておき，手形・小切手が支払呈示されるつど必要額を自動的に普通貯金から当座勘定に振り替えて決済する仕組みとすると，普通貯金から手形・小切手を決済するのと実質的には変わりはなく，見方を変えれば，当座貯金に利息をつけるのと同じことになります。

　このため大蔵省（現：財務省）は，通達により，臨時金利調整法の趣旨に反するものとして自動的な口座振替を禁止しました（昭和26

17. 普通貯金から当座勘定への口座振替契約

年3月29日付蔵銀第1204号通達）。現在でもこの事情は変わっていないと考えるべきでしょう。したがって，質問のような申出に応じることは許されません。

●実質的に自動振替となる方式も好しくない

あらかじめ金額を記入しない普通貯金払戻請求書を預かっておき，支払呈示があったつどＪＡ職員が金額を記入して振替処理を行うことも，同様に考えるべきです。

もちろん，当座貯金が無利息である以上，つねに相当の残高をおいて将来の支払に備えることを要求するのは無理であり，必要な時期に必要な額だけを入金するのはやむをえません。しかし，その場合でも，取引先は事前に当座勘定に必要額を入金して呈示に備えるべきであり，手形・小切手の呈示があるたびにＪＡから連絡し，電話による依頼を受け口座振替を行い決済することは，改めてもらう必要があります。

質問の事例のように，当座貯金の残高が不足するつど電話による依頼にもとづき，ＪＡが通帳および払戻請求書のない便宜支払によって普通貯金から当座勘定への振替をする取扱いを恒常的に行うことも，臨時金利調整法等に違反する脱法的な取扱いとみられる可能性が高いでしょう。

さらに，あらかじめ金額空白の払戻請求書を預かっておき，電話による依頼にもとづきＪＡが金額を書き込んで普通貯金の払戻しを行うことや事後速やかに払戻請求書と通帳を提出することを前提に電話での依頼にもとづき払戻しを行う処理は，事故を誘発しかねない処理として厳に慎まなければなりません。

第2章 貯金の管理

18. グループの貯金の代表者の変更

質問

数人の旅行愛好家のグループ「ふじの会」は，会長のAさんを代表者とし，Aさんの個人印を取引印として，普通貯金取引をしています。ある日，メンバーの1人というBさんから「こんど代表者がAさんから私に交代したので，代表者変更手続をしたい」との申出がありました。
どのように手続をすればよいでしょうか。

実務対応

質問の事例のように権利能力なき社団といえないグループ（任意団体）からの貯金は，「団体名・代表資格の肩書付きの個人名」名義の貯金として受け入れることになります。この貯金はグループ（任意団体）を貯金者とした貯金でなく，あくまで代表者個人の貯金ですから，代表者が代わった場合の取扱いも代表者の変更ではなく，貯金名義の変更として取り扱います。

具体的には，元の代表者のAさんから貯金通帳と届出印を押印した届出事項変更届の提出を受け，住所・名称・印鑑の変更の届出を受けます。また，Bさんからは印鑑届と本人確認のための書類の提示を受けます。さらに，グループ「ふじの会」に規約等がある場合には，規約に定められた手続に従い代表者が変更されたことを確認します。また，規約等がない場合には，JAの役席者がAさんおよびBさんから

代表者の変更についてヒアリングし，その結果を記録しておきます。

この手続には，Ａさんが行わなければならないこととＢさんが行わなければならないことが含まれますから，ＡさんとＢさんが一緒に来店して手続をするのが望ましいでしょう。

●貯金取引の相手方

解説 ＪＡが貯金取引を行う場合，その相手方を大きく分けると，個人・法人・団体に分けることができます。さらに，団体のなかには，法人に準じた取引が可能な権利能力なき社団・権利能力なき財団と，団体として実態がそこまで明確ではない任意団体があります。

個人は人そのものですから，本人確認だけで個人の存在は確認できます。また，法人は商業登記など法定の公示方法が決まっていますので，それらを確認すれば，法人の存在や法人を代表する者を確認することができます。貯金取引の相手方としては，個人と法人でほとんどを占めています。

権利能力なき社団は，法人に準じる社団としての実態を備えながら法定の設立手続を経ていない社団のことをいいますが，団体としての実態は法人に近いものを持っていることから，法令上も法人に準じて取り扱われています。ＪＡなど金融機関の貯金取引に関しても，通常，法人と同じように取り扱われます。どのような団体が権利能力なき社団と認められるかについては，団体としての組織を備え，多数決の原理が行われ，構成員の変更にかかわらず団体が存続し，その組織において，代表の方法，総会の運営，財産の管理等団体としての主要な点が確定していることを要するとされており（最高裁昭和39年10月15日判決（民集18巻8号1671頁）），これらの事項を団体の規約，総会や役員会等の意思決定機関の議事録，活動記録などから確認しま

第2章　貯金の管理

す。また、権利能力なき財団も権利能力なき社団と同様の扱いがなされますが、これについては、個人財産から分離独立した基本財産を有し、かつ、その運営のための組織を有していることとされています（最高裁昭和44年11月4日判決（金判206号8頁））。

　これに対して、質問のグループ「ふじの会」などのように、個人でも法人でもなく、また、権利能力なき社団等ともいえない団体（グループ）が任意団体です。任意団体は法人に準じた取扱いはできませんから、団体名義で貯金を受け入れることはできません。「団体名・代表資格肩書付きの個人名」名義の個人の貯金として受け入れます。また、団体としての独立した活動は法的にはできないことから、手形や小切手の利用を前提とした当座貯金取引は認められません。

●任意団体の代表者の変更の場合の手続

　任意団体については、上述のとおり「団体名・代表資格肩書付きの個人名」名義の個人の貯金ですから、代表者の変更があった場合も、代表者の変更の手続でなく、口座名義の変更の手続で対応することになります。

　具体的な実務は、実務対応に記載したとおりです。なお、このような任意団体の貯金については、代表者個人の財産として扱われるのかグループの構成員の共有財産として扱われるのかはっきりしないところがあります。この点は、代表者名義の貯金の差押えがあったときなどに、この貯金が差押えの対象に含まれるか否かといった問題などに関係してきます。

19. 株式会社の代表取締役の変更

質問

当座勘定取引先である甲株式会社の代表取締役Aさんが死亡したと，渉外担当者より連絡が入りました。

会社から新代表取締役就任の届出があれば，これまでどおり，甲社との当座取引を継続してもさしつかえありませんか。

実務対応

当座取引の相手方は甲株式会社であり，Aさんは甲社の代表者ですから，Aさんが死亡しても甲社自体には何の変更もありません。したがって，代表者を変更することにより，これまでどおり，甲社との当座勘定取引を継続することができます。代表者を新しい代表取締役に変更する手続を行った後，新代表取締役を代表者として取引を行うことになります。

解説

●株式会社の代表者とは

株式会社などの法人は，法律の規定により個人と同様に権利や義務の主体となりうる資格（権利能力）を与えられた団体です。法人には，人の集まりである社団法人と財産の集まりである財団法人があります。ところが，これらの法人それ自体は，個人のように行動したり意思を表明したりはできません。そこで，特定の人がその法人のためにすることを

第2章　貯金の管理

明らかにして行った行動や意思の表明を，法人の行動や意思の表明とみなすとした制度を作りました。それが法人の代表の制度で，そのような特定の人を法人の代表者と呼んでいます。法人の代表の制度内容や誰が代表者になるかは，各法人の設立根拠となった法律に規定がおかれています。

　株式会社の場合，会社法に定めがありますが，その代表の制度は株式会社の組織設計により異なっており，やや複雑です。株式会社の意思決定・業務執行の制度には，取締役会を設けない場合と取締役会を設ける場合があり，取締役会を設ける場合には，委員会を設置する場合としない場合に分けられます。それぞれに代表の制度が異なります。まとめると次のとおりとなります。

① 取締役会が設置されていない場合

　各取締役が会社を代表します（会社法349条1項・2項）。ただし，取締役のなかから代表取締役が選任されている場合には代表取締役が会社を代表します（同条3項・4項）。

② 取締役会が設置され，委員会が設置されていない場合

　取締役会で選任された代表取締役が会社を代表します（会社法363条1項1号・349条4項）。

③ 取締役会および委員会が設置されている場合

　この場合の取締役には業務執行権がなく（会社法415条），取締役会で選任された代表執行役が会社を代表します（同法420条1項および同条3項で準用される349条4項）

　株式会社の代表者はすべて株式会社の登記簿に登記されますから（会社法911条3項13号・14号・22号ハ），誰がその株式会社を代表するかは，登記事項証明書の提出を受けて確認します。

●株式会社の代表取締役の変更があった場合の手続

　株式会社の代表者に変更があった場合の手続は，事務手続の定めに

従って代表者を変更する旨が記載された届出事項変更届と新しい代表者名で作成された印鑑届，それらに添付する書面として，代表者が変更となったことまたは変更後の代表者が株式会社を代表する資格を有することを確認できる書面（登記事項証明書等）の提出を受けて行います。また，当座貯金の場合には印鑑届の実印押印欄に実印の押印を受けます。この場合には，押印された実印の確認のため印鑑登録証明書の提出も受けます。

　通常，届出事項変更届は変更前の住所・氏名（名称）・代表者・届出印等を用いて届出を受けることになりますが，質問の事例のように代表者の死亡に伴う代表者の変更の届出の場合，すでに死亡した代表者が会社を代表して届出するわけにはいきません。その場合には，やむをえませんので，変更前の代表者が退任していることを登記事項証明書等で確認したうえで，変更後の新代表者が会社を代表する形の署名・押印（届出印）を受けて届出するように求めます。このような手続でも，届出印の押印と通帳の提出を受けて口座名義人である会社本人からの届出であることも確認できますし，変更前の代表者が会社を代表できないことも確認できますので，特段支障はないでしょう。なお，当座貯金の場合は届出印でなく実印を用いて届出を受けてもよいでしょう。

●代表者の死亡に伴うその他の留意事項

　代表者が死亡した際に，貯金取引でよく起こるその他の場面について，その考え方や対応を以下にまとめて解説します。

(1) **死亡した代表者名で行われた取引の効果**

　代表者が1人しかいない株式会社等の代表者が死亡した場合，会社はただちに新しい代表者を選任して代表者変更の手続をとりますが，事情によって新代表者を速やかに選任できない場合があります。そのようなときに，死亡前に届出していた印鑑届と同じ形で旧代表者が会

社を代表している記名・押印を用いて貯金の払戻しなどを行おうとする場合があります。この場合，ＪＡが死亡の事実を知らなければ，貯金規定の免責規定や債権の準占有者への弁済（民法478条），表見代理（同法112条）などの規定によりＪＡとの取引の効果が否定されることはないでしょう。なお，その間に重要な取引がなされた場合など必要な場合には，新代表者が選任された後に新代表者に死亡した代表者名で行われた取引の追認を受けておくとよいでしょう。

一方，代表者が死亡したことをＪＡが知っている場合はもちろん，過失により（不注意で）知らなかった場合でも，死亡した代表者名による取引の効果を会社から否定されることが考えられますので，十分に注意してください。

(2) **代表者死亡後，新代表者選任前の取引**

代表者が死亡して新しい代表者が選任されるまでの間に，貯金払戻し等の取引が必要となった場合の対応をどのようにするかは，実務でよく悩まされます。画一的な対応が難しいせいか事務手続などにも規定されてないと思います。

このような場合，最初に検討することは，死亡した代表者以外の代表者と取引を行うことができないかということです。もしそういう代表者がいれば，代表者をその人に変更する代表者変更手続をただちに行うように求めます。また，従来から代理人届を受けて代理人が選任されている場合または支配人等の業務上の権限を有する使用人と取引をしている場合には，それらの者は会社の代理人として取引を行う権限を与えられている者ですから，代表者の死亡によりその権限は影響を受けません。代理人等の権限の範囲内の取引については，代表者の死亡前と同様に取引が可能です。

問題は，１人しかいない代表者が死亡し，代理人等の届出もない場合です。会社法では，代表取締役を欠いた場合に，裁判所は，必要と

認める場合には利害関係人の申立により一時代表取締役を選任することができる（会社法351条2項）とされていますが，手続も煩雑であることから，代表取締役の不在が長期化する見込みである場合などを除いては，通常は利用されません。

　そこで，実務でよく行われている便宜的な対応は，取締役等から新しい代表取締役に就任する予定の者を仮の代表者として取引をしたいという趣旨の書面の提出を受け，その者を会社の代表者とみなして対応し，事後正式に代表取締役に就任した後にそれまでに行った取引について新代表取締役から追認を受けるという方法です。この場合，仮の代表者とみなされた者は正式な代表取締役ではありませんから，その者が会社の代表者として行った行為の効果は，無権代理の行為と同じように会社に帰属することはありません。しかし，無権代理行為も本人が追認すれば行為の時点にさかのぼって有効となる（民法116条）のと同様，この場合も正式に代表取締役が選任された後に会社から追認を受ければ，その行為の時点から確定的に会社に対して効力が生じると考えられますので，このような方法が工夫されたわけです。

　もっとも，この方法も便宜的な方法であることには変わりありません。あくまで，信用力があって内部管理も行き届いている信頼のおける会社に限って対応可能な方法であることに注意してください。

(3)　代表者死亡前に振出等された手形や小切手などの取扱い

　代表者が死亡する前に死亡した代表者名で振出等された手形や小切手が，代表者の変更後に取立のために呈示された場合，その時点では代表者が変更されており，その時点の印鑑届と照合すると代表者が一致しないという事態が生じます（この点は，代表者以外の変更の場合であっても同じです）。そこで，届出事項変更届には「振出日または引受日が上記変更日より前の小切手・手形については，変更前の届出内容によって支払ってください」という記載があり，変更前の届出内

容に従って照合する扱いとしています。なお，この取扱いは，振出日の記載のある場合の対応です。もし，振出日空白の約束手形や小切手が呈示された場合には，個別に取引先に照会のうえ対応せざるをえないでしょう。あるいは，別に「変更前の届出内容で振り出された約束手形や小切手の振出日が空白である場合は，変更日前に振り出されたものとして取り扱ってください」等の趣旨の念書を提出してもらって対応することも可能でしょう。このような場合のためにも，振出日を空白で手形や小切手を振り出す行為は慎むように取引先を指導すべきだと思います。

20. 届出印の紛失による改印手続

質問

貯金者A本人であると称する者が来店し，普通貯金通帳を提出して「届出印を紛失してしまったので，改印をお願いしたい」との申出を受けました。

あまり来店しない顧客なので，貯金者本人なのかどうか確信がもてません。どのような点に注意して事務処理をする必要があるでしょうか。

実務対応

届出印の紛失を理由に届出印の改印を求められた場合の対応は，事務手続に詳細に規定されていますから，貯金者本人と面識があるか否かにかかわらず，これに従って対応します。

事務手続で規定されている手続のポイントは，①紛失した届出印を用いて不正な払戻等が行われないように速やかに印鑑事故の登録を行い被害の発生や拡大を防ぐことと，②改印の申出が貯金者本人からの申出であることを慎重に確認し貯金者以外からの不正な改印を防ぐことの2点です。前者は，誤報の可能性があっても迅速に対応する必要がある処理であるのに対し，後者は，時間をかけてもよいので，貯金者本人からの申出であることを可能な限り間違いなく確認することが必要な処理です。届出印の紛失による改印手続には，このように考え方がまったく異なる2つの手続が含まれていることに十分注意して，それらを混同しないように対応することが重要となります。

第2章　貯金の管理

●届出印の紛失を理由とする改印手続の特徴

　　　　　　　　　届出印の紛失を理由とする改印手続は，大きく分
　解説　　　　　けて2つの段階があります。1つは，届出印紛失に
　　　　　　　　　かかる印鑑事故の登録です。これにより従来の届出
印による取引はできなくなり，紛失した届出印を不正に入手した者が
貯金を払い戻すことを防止します。この処理は，貯金者の被害の発生
や拡大を未然に防ぐため，迅速に対応する必要があります。一方で，
仮に誤報にもとづき誤った印鑑事故の登録が行われても，後日貯金者
に多少の迷惑はかけますがリカバリーは容易です。印鑑事故の登録の
処理には，このような性格がありますから，事務手続でも最低限の確
認を行ったうえで，とりあえず印鑑事故の登録を行う内容となってい
ます。

　もう1つは，新届出印の届出受付の事務です。この処理は今後の貯
金取引の基本となる届出印に関する処理ですから，貯金者本人からの
申出であることを厳格に確認する必要があります。万一，貯金者以外
からの不正な改印の申出を受け付けてしまうと，以後貯金者以外の者
がその貯金口座から自由に払戻しができるなど，その口座を自由に利
用できることになってしまいます。貯金者本人やＪＡに生じる被害も
甚大となる可能性があります。そのため，事務手続では，窓口で写真
付きの公的確認書類などの提示を受けるなど，本人であることが確実
であると確認できる場合を除き，貯金者本人に照会状を郵送してその
回答を得てから新届出印による取扱いを開始する扱いにするなど，大
変慎重な手続によることが定められています。

●届出印の紛失にかかる印鑑事故の登録の手続

　届出印を紛失した旨の連絡は，貯金口座を開設した店舗の窓口に貯
金者が来店して行う場合はもちろん，僚店の窓口に来店したり電話で
連絡したりする場合もあるでしょう。貯金者本人ではなく第三者から

連絡がある場合もあると思います。いずれの場合も，速やかに印鑑事故の登録を行います。

具体的には，本人が来店し連絡してきた場合には，生年月日や届出の電話番号などの本人特定事項をヒアリングして本人であることを確認したうえで，喪失受付票に住所・氏名・届出印を喪失した対象口座の種類と口座番号などの記入を依頼して提出を受け（印鑑の押印は不要です），これにもとづき印鑑事故の登録を行います。また，本人から電話で連絡があった場合には，来店の場合と同様に本人特定事項をヒアリングしたうえで，届出印を喪失した対象口座の種類と口座番号などを確認し，印鑑事故の登録を行います。

また，第三者から連絡があった場合には，印鑑事故の登録の有無を確認し，登録がなければただちに印鑑事故の登録を行います。そのうえで貯金者本人に連絡し，紛失の事実を確認します。

いずれの場合も，事後速やかに正式な喪失届である「喪失・発見届」に，新届出印の押印（当座貯金の場合は，実印の押印に印鑑登録証明書を添付します）のうえ提出を受けるようにします。

なお，喪失届の受付については，処理状況を管理するために管理表（一覧表）を作成し，受付から処理完了までの受付日や処理日などをつど記入し，適宜役席者にも回覧して検印等を受けるようにします。この管理表を活用して，処理漏れを防ぎ，長期未処理案件の処理の促進を図るなど適切に管理するようにします。

●改印（新届出印の届出の受付と登録）の手続

印鑑事故の登録が終わったら，事務手続に従って新届出印の届出を受け付けます。届出は新届出印を押印した届出事項変更届と印鑑届，通帳または証書を提出して行います。なお，貯金が当座貯金の場合には，届出事項変更届と印鑑届に実印を押印し（新届出印は新届出印欄にのみに押印します），実印の照合用に印鑑登録証明書を添付する他，

第 2 章　貯金の管理

旧届出印を押印して振出等を行った手形や小切手の明細を付記したうえで，それらの手形や小切手を旧届出印のままで支払うことを求める内容の念書の提出も受けます。

　改印の届出を受け付けたＪＡは，届出者が貯金者本人かを確認します。本人確認は，犯罪収益移転防止法で求められる本人確認と同様の方法で行いますが，単に本人特定事項の確認を行うだけでなく，すでに貯金取引を開始している者と改印の届出をした人が同一人であることを確認するために行うことから，より一層慎重で厳格な方法による必要があります。具体的には，届出書類に実印が押印されている場合には，実印を添付された印鑑登録証明書と慎重に照合し，貯金者本人であることを確認します。届出書類に実印が押印されていない場合には，運転免許証，パスポートなどの顔写真が付いた公的確認書類（犯罪収益移転防止法上の本人確認書類）の提示を受けて，貯金者本人であることを確認します。ただし，顔写真付きの公的確認書類の提示ができない場合には，健康保険証や年金手帳のようにその書面の原本を提示するだけで犯罪収益移転防止法上の本人確認書類となる書類 2 種類以上の提示を受けて，貯金者本人であることを確認します。さらに，届出書類の記載内容をすでにＪＡに届け出されている事項と照合し，必要に応じて本人確認に関する記録や資料とも照合します。

　これらの確認作業によって届出者が貯金者本人であることが確実であると判断できた場合には，新届出印の登録を行い印鑑事故の登録を解除し，新届出印による取引ができるようにします。

　もし，顔写真の付いていない本人確認書類を 1 種類しか提示できない場合やその他届出者が貯金者本人であることが確実とまでは判断できない場合には，ただちに改印の手続を行わず，印鑑喪失の届出があった旨の貯金者本人宛ての照会状（参考例は添付のとおり）を作成し，貯金者の届出の住所地に宛てて親展・転送不要扱いで送付し，貯

20. 届出印の紛失による改印手続

金者本人からの喪失届である旨の回答の返信を受けてから改印の手続を行います。

◎印鑑喪失届の照会状の例

```
                                    平成　年　月　日
_____様
                          ○○○○農業協同組合  [押切印]

            印鑑喪失届のご照会について

拝啓　平素は格別のお引立てをいただき厚くお礼申し上げます。
　さて，今般貴方様より貯金お取引にご使用の印鑑について喪失
の旨のお届けがございましたが，お取扱いについて万全を期した
いと存じますので，念のためにご照会申し上げます。
　つきましては，お届けの事実に相違ない場合はお手数ながらご
署名，ご捺印のうえ本状を折返しご返送賜りますようお願い申し
上げます。
　万一ご異議あります場合は，その旨をお知らせくださいますよ
うお願い申しあげます。
                                              敬具
                    記
  1　喪　失　届　日　付　　　○○年○○月○○日
  2　貯　金　種　類　等　　　普通貯金
  3　口　座　番　号　　　　　1234567
                                              以上
          (切り取らずにこのままご返送ください)

                    回　答　書
                                     年　月　日
        農業協同組合　御中
    上記ご照会の喪失届は，私より届出のものに相違ありません。

  〒                           TEL　（　　）
  おところ
  お名前                                    印
                                  (喪失届と同じ印)
```

97

第2章 貯金の管理

21. 2人連れ立っての口座開設と紛失証書の再発行手続

質問

初めて来店された2人の方が、定期貯金を預け入れましたが、その後1か月もたたないうちに、そのうちの1人が「貯金証書を紛失してしまったので再発行してほしい」と申し出てきました。

貯金係は、紛失届と再発行請求書の用紙を渡し、これに記入のうえ提出するよう依頼しましたが、貯金者と面識がないだけに何となく不安です。

このような場合、どのような点に注意して取り扱うべきでしょうか。

実務対応

① 2人連れ立って来店した方の口座開設申込みについて

2人連れ立って来店し2人が同席して口座開設の手続を行う場合があります。この場合に注意しなければならないことは、どちらが貯金の名義人なのかということと、貯金名義人となる人からもう1人の人が同席して手続を進めてよいことの了解を得ることです。

このことは、2人の関係が、親と成人の子、兄弟、夫婦などの場合でも同様です。ただし、親と未成年の子や保佐人と被保佐人の場合で子や被保佐人が取引を行う場合は、2人の関係を確認するだけでよいでしょう。

② 証書紛失の届出と再発行の手続

質問の事例の場合，口座開設時に上記①のような適切な対応が取られていなかった点が問題とはなります。しかし，証書紛失と再発行の手続に来店した人が借名口座である旨を申し出るなど特別な事情がない限り，ＪＡとしては，貯金口座の名義人を貯金者として扱うしかなく，それを前提として，事務手続に従って取り扱うことになります。ただし，来店した人が貯金名義人本人かどうかの確認を行う際は，通常よりも慎重に行うようにすべきでしょう。

●２人連れ立って来店して口座開設申込みがあった場合の対応

解説 ２人の人が連れ立って来店し，２人が窓口に一緒に来て口座開設の申込みをする場合があります。未成年の子の口座開設のために親子で来店することなどは日常よくあることだと思います。同様に，被保佐人が口座開設を申し込む際に保佐人が一緒に来店することなども考えられます。このように，制限行為能力者名義の貯金口座を開設するためにその法定代理人や保佐人などが同行する場合は，２人の関係を確認したうえで２人を相手に手続を進めればよいでしょう（ただし，被補助人が口座開設をする場合は，貯金口座の開設が補助人の同意を要する行為に該当することも確認する必要があります）。

しかし，成人２人が窓口に一緒に来て口座開設の申込みをしてきた場合には注意が必要です。そのような場合には，最初に２人に向かって「どちら様が貯金口座を開設される方ですか」とはっきりと確認します。そのうえで，貯金口座を開設する人に対し，「こちらの方とご同席のまま手続を進めてもよろしいですか」と確認します。夫婦や親と成人の子など，どのように親しい間柄であっても，金融機関との取引を秘密にしたいと思う気持ちはありますから，これらの人に対して

第2章　貯金の管理

も金融機関は守秘義務を負っており、本人の同意なく取引内容を明らかにすることはできないからです。

　この問いかけに対し、貯金口座開設の申込者である人が同席でよいといえばそのまま手続を進めることになりますが、あくまで申込者との手続であることを忘れないように対応し、ついうっかり、同席している人にJAから確認を求めたりすることがないように注意します。また、キャッシュカード等の暗証番号を記入いただくときは、同席している人にもできるだけ見えないように工夫しましょう。

　同席で手続してもよいとはっきりいわないときは、一緒に来た人に「申し訳ございませんが、○○様と手続を行いますので、ロビーでお待ちください」と離席を促すべきでしょう。このように対応すれば、来店者に失礼にならずに申込者の意向もはっきり確認できると思います。同行してきた人が窓口から離れれば、その後の手続は申込者と通常の口座開設手続の手順どおりに行うことになります。

　　　　　　　　●貯金通帳、貯金証書の紛失の届出と再発行手続
　貯金通帳、貯金証書の紛失の届出と再発行の手続の考え方は、基本的には届出印の紛失と改印手続と同じです。「20. 届出印の紛失による改印手続」の項も併せて参照してください。貯金通帳等の紛失と再発行の手続も、大きく事故登録の手続と再発行の手続に分けることができます。

　事故登録の手続は、受付から事故登録、正式な「喪失・発見届」の提出まで届出印の紛失の場合の手続と、事故登録の種類が通帳・証書事故の登録と変わる点以外は、同じですから、「20. 届出印の紛失による改印手続」の項を参照してください。

　貯金通帳、貯金証書の再発行の手続ですが、この場合も届出印紛失による改印の手続と同様、本人確認がポイントとなります。ただし、この場合には、届出者は届出印を持っていますので、本人確認の方法

21．2人連れ立っての口座開設と紛失証書の再発行手続

は若干簡略なものでよいでしょう。具体的には，届出印を押印した再発行依頼書の提出と犯罪収益移転防止法上の本人確認書類のうち原本提示だけで本人確認が可能な書類の提示を受け，届出印との印鑑照合と本人確認書類で本人確認を行います。これにより本人からの申出であることが確実と判断された場合には，その場で再発行の手続を行い，再発行した新貯金通帳等を貯金者に交付し，再発行依頼書の欄外に受領した旨の奥書と署名，届出印の押印を受けます。

　貯金者本人からの申出であることが確実とは判断できない場合には，その場で再発行の手続を行わず，通帳等の喪失の届出があった旨の貯金者本人宛ての照会状を作成し，貯金者の届出の住所地に宛てて親展・転送不要扱いで送付し，貯金者本人からの喪失届である旨の回答の返信を受けてから再発行の手続を行います。

第2章　貯金の管理

22. 弁護士会からの
##　　　取引先の貯金取引状況の照会

質問

取引先のAさんは，商売上のトラブルから訴訟を提起されていたようでしたが，ある日，相手方の地元弁護士会から文書がJAに郵送されてきました。その内容は「公正な裁判上の判断を得るための資料として必要があるので，Aさんの貯金取引状況について弁護士法23条の2にもとづき照会します」という趣旨の照会文書です。
　JAは，この照会に対し回答する義務があるのでしょうか。また，回答した場合に，Aさんから守秘義務違反の責任を追及されることはないのでしょうか。

実務対応

　弁護士会は，所属の弁護士からの請求により公私の団体に照会して，必要な事項の報告を求める法律上の権限を持っており（弁護士法23条の2），照会を受けた団体は合理的理由がない限り回答するのが原則です。
　しかし，質問の場合は，Aさんの利害に重大な関係がある事柄についての照会であり，回答することは，Aさんのプライバシーを侵害し，JAに対する信頼を裏切ることになりかねません。
　そこで，実務では，弁護士会に対象者の同意を確認することの承認を得たうえで，対象者の承認を待って回答するようにします。
　なお，対象者から回答を断るように依頼された場合は，回答しない

ようにします。また、弁護士会が対象者への確認をしないように求めた場合には、回答することが相当であるかどうかを、慎重に検討して結論を出すことになります。

●弁護士会からの照会には原則として回答する義務がある

解説 貯金者がＪＡに対して、いつ、いくらを貯金し、いくらを払い戻したか、現在の貯金残高がいくらであるかなどは、貯金者にとってはみだりに他人に知られたくない事柄です。ＪＡは、これらの貯金取引の内容等について秘密を守り、正当な理由なくこれを第三者に漏洩してはならない法律上の義務（守秘義務）を負っています。もし、ＪＡがこの義務に違反したために貯金者が損害を被った場合には、個人情報保護法に違反することはもちろん、債務不履行または不法行為として、貯金者に対して損害賠償責任を負わなければなりません。

　ところで、弁護士が訴訟の弁護等の法律事件を受任した場合、その職務を遂行するために公務所（市町村役場・税務署など）や公私の団体から資料を収集する必要が生じることがあります。そこで、弁護士が所属する弁護士会に請求し、弁護士会から照会する制度が定められています（弁護士法23条の２）。しかし、弁護士個人には照会する権利はありませんので、もし弁護士個人から直接に照会があったときは、取引先の意向を確かめるまでもなく回答を拒絶すべきで、もし取引先に無断で回答したときは、ＪＡの守秘義務違反（個人の情報の場合は、個人情報漏洩）となります。

　この弁護士会の照会は、弁護士や依頼人の個人的利益を擁護するためのものではなく、弁護士がその職務を通じて、究極的には基本的人権の擁護と社会的正義の実現に寄与するための公共的性格をもつ制度として、法律が認めた権限にもとづくものですから、照会を受けた公

務所や公私の団体には，報告義務があると解されています。そこで，この照会に対しては回答をするのが原則であり，一般論としては，回答しても守秘義務違反にはならないと考えられています（大阪高裁平成 19 年 1 月 30 日判決（金判 126 号 25 頁））。

●回答する場合にも合理的理由の有無を検討する

しかし，ＪＡが取引先の貯金取引状況について弁護士会から照会を受けた場合には，報告義務を履行すべきか，または取引先の信頼に応えて秘密を守るべきか困難な選択を迫られることになります。

とくに，質問の場合のように取引先と訴訟で争っている相手方の弁護士からの請求による照会であれば，取引先に不利となる資料の収集を目的としていることは明らかであり，取引先が照会があったことを知れば，ＪＡが回答しないことを期待することは容易に推測できるところです。

ＪＡとしては，弁護士会の照会制度の趣旨は尊重すべきですが，同時に取引先の信頼を軽視することは許されません。漫然と照会に応じて回答することなく，回答することに合理的理由があるかどうかを慎重に検討したうえで対処することが必要です。

ＪＡは，法律上回答を強制されることはなく，また回答しなくても処罰されることもありません。しかし，取引先から要望されて，故意に事実と相違する回答をしたため相手方に損害が生じたときには，ＪＡが賠償責任を負わされることもありますので，回答する場合には，事実にもとづき正確にしなければなりません。また，回答する場合も，照会された範囲に限定して回答しなければなりません。照会範囲外の事項を回答することは守秘義務違反となるので十分注意します。

●実務の対応

以上のことから，具体的な実務の対応としては，照会を行った弁護士会に対象者の同意を確認してよいかどうかを問い合わせ，弁護士会

の了解を得たうえで対象者に意向を確認し，対象者の同意を得たうえで回答するようにすべきでしょう。なお，対象者の同意が得られなければ，同意が得られなっかたことを理由に回答を拒絶することとすべきでしょう。

また，弁護士会が対象者への確認をしないように求めた場合には，ＪＡ内部で十分に協議のうえ，必要に応じてＪＡの顧問弁護士などにも相談して対応します。この場合も，回答を拒絶する場合は，その理由を簡記すべきでしょう。

23. 税務署による任意調査と対応

質問

税務署員と称する者が突然来店し，ある取引先の貯金取引状況の調査に協力してほしいとの要請を受けました。

税務署調査はどんな場合でも絶対断れないと聞かされていますが，本当でしょうか。また，税務署員であることの確認や，調査対象者および調査内容の確認はどのようにすればよいでしょうか。

実務対応

税務署から協力要請を受けた場合は，任意調査であっても，正当な理由なく拒んだり，虚偽の回答をしたり，質問・検査を妨げたりすると，罰則の適用があるため，特別な事情がない限り協力せざるをえません。

ただし，協力する場合には，税務署員に身分証明書の提示を求め，その身分を確認し，「金融機関の預貯金等の調査証」の提出を受け，そのなかで貯金者および調査内容が特定されていることを確認し，その範囲内についてのみ調査に応じます。

また，「金融機関の預貯金等の調査証」の提出が受けられない場合には，拒絶することもできますし，被調査者を特定しない調査や，被調査者は特定されていても，その人数や調査内容が膨大であったりして，実質一覧調査に及ぶなど明らかに普遍的・一般的な調査であると認められる場合には，拒絶すべきです。

23. 税務署による任意調査と対応

●任意調査でも拒否したり虚偽の回答をすると処罰される

解説 税務署が行う税務調査は、税法上の質問・検査権（国税徴収法141条，所得税法234条など）にもとづき、税務署員が被調査者の承諾を得て行う任意調査です。そして、ＪＡに貯金者の残高等を照会してくる場合は、反面調査と呼ばれ、納税者自身の調査だけでなく、その関連する取引先や取引金融機関等に照会を依頼するものであり、これも任意調査の一種です。

しかし、任意調査とはいっても、貯金者の承諾がないことを理由に回答を拒んだり、貯金者の依頼により虚偽の回答をしたり、質問・検査を妨げると、税法上の罰則規定（国税徴収法188条，所得税法242条9号など）により処罰されます。このため、実際には、税務職員が来店して説明や関係帳簿・書類の呈示を求めたときには、これに協力しているのが実情です。

●任意調査に応じる場合の注意

ＪＡに対する調査は、反面調査のなかでも信ぴょう性の高い証拠が得られるため、頻繁に行われていますが、任意調査に協力するときは、次の事項に留意することが必要です。

① 調査を行う税務署員の身分や調査目的を、身分証明書・税務署長等の証印がある書面（金融機関の預貯金等の調査証）で確認する。
② ＪＡの守秘義務との関係から、正当な範囲を逸脱した調査権の行使には協力しない。
③ 被調査者を特定しない調査や、実質的に元帳・伝票等の一覧調査に及ぶなど、明らかに普遍的・一般的調査と認められる調査は拒否する。
④ 調査への協力により正常な業務運営に支障をきたすおそれがあ

第2章　貯金の管理

るときは，話合いによる円満な解決を図る。なお，税務署が手数料を支払う場合もあるので，合わせて相談してみる。
⑤　調査を受けたことを取引先に知らせる場合には，無用のトラブルを起こさないようにタイミングをよく考える。

なお，税務署の調査には，任意調査のほかに，国税犯則事件の調査のために必要がある場合に，国税犯則取締法の規定にもとづき，税務署員が臨検・捜査・差押等を行う強制調査があります（同法2条）。強制調査は，裁判官の許可を得て行われるものであるため，ＪＡがこれを拒むことはできません。

いきなり強制捜査

　　ある時，ＪＡに税務署の職員が来ました。税務署の職員ということで，また貯金内容の任意調査かと思って応対したところ，捜査令状を示して資料の開示を求められました。捜査の内容を確認したところ，通常の任意調査により照会を受けた場合でも普通に協力している内容でした。
　　「この調査内容であれば任意調査でも十分に協力できたのに，強制捜査とは随分大袈裟ですね」と話したところ，「そうなのですが，ある金融機関で任意調査には絶対に応じられないといわれて，仕方なく調査対象の全部の金融機関に対し強制捜査をすることになってしまいました」と笑いながら答えてくれました。

24. 警察署からの
取引先の貯金取引状況の照会

質問

警察署から犯罪捜査のために必要との理由で，貯金者の取引状況について照会を受けました。警察署からの依頼でもあるので，貯金の管理表を提示しようとすると，支店長からもっと慎重に対応するようにいわれ，場合によっては回答を拒むこともできるとの指導がありました。

どのように対処すればよいのでしょうか。

実務対応

警察署から照会を受けた場合は，ＪＡに回答義務はありませんが，公益のために法令で認められた手続による照会ですので，特別な事情がない限り協力すべきです。

回答をする場合は，警察官に身分証明書の提示を求め，その身分を確認し，「捜査関係事項照会書」の提出を受け，そのなかで貯金者および照会内容が特定されていることを確認し，照会を受けたものについてのみ回答することが必要です。

この場合には，貯金者の承諾なしに回答しても，守秘義務違反に問われることはありません。

第2章　貯金の管理

●任意捜査でも内容が特定されているものの照会なら協力する

解説　警察官は犯罪の捜査について必要があるときは，公務所または公私の団体に照会して，必要な事項の報告を求めることができます（刑事訴訟法197条2項）。強制捜査をするまでの必要がない場合において，調査の嘱託という任意捜査の形式によりＪＡに照会をしてくるわけです。

　この照会に対しては，法律上は回答義務がないため，この任意捜査によって目的を達することができない場合は，裁判官の発する令状により強制捜査権を発動して差押え・捜査または検証することができます（刑事訴訟法218条1項）。この場合には，ＪＡは回答を拒否することはできません。

　質問のように，警察署からの任意捜査にもとづく照会に対しては，法令上回答を強制されることはありませんが，司法警察職員は，最終的に必要があれば強制捜査をすることができますので，正当な権限の行使である以上，貯金者および照会内容が特定されているものについてはなるべく協力すべきです。

　また，警察官が来店し，口頭で質問や資料の閲覧を求める場合があります。この場合も，身分証明書を確認するなど身分を確認のうえ，協力的に対応します。

●取引先の承諾を得ないで回答しても，守秘義務違反に問われない

　しかし，過去何年間にもわたっての膨大な取引記録の提出を求められた場合とか，保存期間を過ぎて処分してしまった資料を求められた場合には，事情を説明し，照会事項の範囲を合理的な範囲に限定するよう交渉することも必要です。

　ＪＡが任意捜査に協力し，取引先の承諾を得ないで回答しても，守秘義務違反に問われることはありません。

25. 貸越残高がある
総合口座の残高証明書

質問

店舗の近くに住むAさんが来店し「この通帳の，先月末の残高証明書を発行してもらいたい」といいながら，総合口座通帳を提示しました。Aさんの普通貯金の残高を管理表で確認したところ，貸越残高となっていて，マイナス表示があります。

管理表の金額がマイナスであっても，残高証明書に普通貯金としてマイナス表示の金額を記載したり，定期貯金の残高から貸越残高を差し引いて証明するのは，おかしいと思われます。

貸越が発生している場合の総合口座の残高証明書は，どのように作成すればよいのでしょうか。

実務対応

貸越が発生している総合口座の残高証明書を発行する場合には，貯金等の残高証明と貸出金（貸越）の残高証明を分けて証明します。たとえば，普通貯金と定期貯金については貯金の残高証明として，貸越残高については貸出金の残高証明書として記載します。

この場合，貯金残高証明書の普通貯金の残高は「0円」と記載します。

第2章　貯金の管理

●貸越の場合の総合口座の残高証明

解説　総合口座は普通貯金口座を主口座として自動継続定期貯金と定期積金およびこれらを担保とした当座貸越を1つの取引として利用する口座です（総合口座取引規定1条）。したがって，普通貯金を開設せずに定期貯金だけで総合口座を開設することはできません。総合口座の残高証明書を作成する際には，普通貯金口座や定期貯金口座，当座貸越など総合口座に組み込まれた取引ごとに残高を証明するようにします。

　また，総合口座の当座貸越は普通貯金にマイナス表示されますが，マイナス表示された金額はいうまでもなく普通貯金の残高ではなく，当座貸越すなわち貸出金の残高です。その点は，総合口座通帳の普通貯金の欄にも「普通貯金（兼お借入明細）」と記載されており，「差引残高の金額頭部に－（マイナス）がある場合はお借入残高を表します」との説明が付されていることからも判ります。そして，当座貸越は，普通貯金の残高を超えて払戻しがなされた場合に発生するため，当座貸越の残高がある場合の普通貯金の残高は当然「0円」です。

　このようなことから，貸越が発生している総合口座の普通貯金の残高証明には，「0円」と記載することになり，当座貸越の残高は，貸出金の残高証明として記載することになります。

●総合口座に定期貯金を受け入れている場合

　総合口座に定期貯金を受け入れているときも，定期貯金の全額の残高を普通貯金や当座貸越の残高とは別に残高証明します。

　総合口座の当座貸越は，普通貯金の残高を超えて払戻しの請求等があった場合に，この口座に受け入れた定期貯金を担保に不足額を自動的に貸し出し，普通貯金に入金したうえで，これらの支払に応じる取引です（総合口座取引規定6条1項）から，当座貸越が発生していると定期貯金の一部が貸越金の担保となっていることになります。この

25. 貸越残高がある総合口座の残高証明書

ような場合も，直接貸越金の担保になっている定期貯金とそれ以外の定期貯金を区別することなく全体の残高を残高証明します。

　貸越が発生している総合口座の残高証明書を発行する場合には，誤って貯金残高と当座貸越残高を合計したり，直接貸越の担保となっている定期貯金から貸越残高を差し引いたりして，証明してはいけません。また，普通貯金残高としてマイナス表示をした貸越残高を記入するなどのことがないよう注意が必要です。

英文の残高証明書

　時々，英文の貯金残高証明書の発行を依頼されることがあります。このようなときには，「英文の残高証明書ですか，珍しいですね。何にお使いですか」とその使い道を聞いてみましょう。個人の貯金者からの依頼の場合，子供の海外留学に際して，留学費用を確保していることを証明するために留学先の大学などに提出するケースが多いようです。

　海外留学となれば，海外の生活ではクレジットカードは必需品ですから，留学する子供名義のＪＡカードへの入会（家族カードの発行）などを勧めましょう。留学費用のためにローンが必要になるかもしれません。何気ない声掛けが取引の広がりにつながります。

113

第2章 貯金の管理

26. 依頼返却の申出を受けた小切手の返却

質問

当座取引先のAさんが振り出した小切手が交換経由で呈示されましたが、残高が不足するのでAさんに連絡したところ、「依頼返却の取扱いをしてもらうことで所持人と話がついたので、よろしく頼む」との電話があり、やがて交換持出銀行（支店）の役席者から、小切手の依頼返却手続の申出を受けました。Aさんとは長い取引があり、JAの事業にも種々協力してもらっているので、上司と相談してこの申出に応じることとしました。

この場合、JAとしてはどのような手続をとればよいのでしょうか。

実務対応

交換呈示された手形や小切手について、持出銀行の役席者から依頼返却の手続依頼を受けた場合には、通常行われない異例な処理であり、時間的な制約のあるなかでの処理であることから、役席者の判断と決定を受けて事務手続をよく確認しながら迅速かつ正確に処理しなければなりません。依頼返却は真にやむをえないものに限り認められるものですから、信用取引の秩序維持に反する目的のために使用されることがないように、その諾否を慎重に判断する必要があります。

依頼返却の事務手続の概要は、連絡を受けた役席者自ら依頼返却の

内容を記録し，当座貯金等の係員に回付します。係員は依頼返却の対象となった手形等を確認し，依頼返却の記録と手形等を役席者に回付して，照合と依頼返却の諾否の判断を求めます。役席者は依頼返却の諾否を決定し，持出銀行に回答します。依頼返却に応じる場合には，不渡手形の場合の事務手続に準じて持出銀行に返却します。

● 依頼返却の意義と効果

解説 依頼返却とは，いったん交換に持ち出した手形または小切手について，別途支払済その他真にやむをえない理由があるときに，持出銀行が持帰銀行と協議のうえ返却を依頼することをいいます（東京手形交換所規則施行細則64条）。依頼返却によって手形等は決済されずに持出銀行に返却されますが，手形交換所規則では，依頼返却により返却する手形等は0号不渡りとして返却することが定められています（東京手形交換所規則施行細則77条1項(1)C）。したがって，依頼返却された手形の支払人や小切手の振出人は，交換呈示された手形等を決済しなくても不渡りの不利益を受けずにすむことになります。そのため，依頼返却は，手形等の決済資金の手当ができなかった者が最後の手段として手形等の所持人に懇願して行われることが多いといわれています。

　依頼返却された手形等は，いったん手形交換所に持ち出されて支払のための呈示がなされたものの支払がなされなかったわけですから，手形交換所に持ち出されたことによって支払呈示の効果が生じ，支払がなされなかったことによって支払拒絶の効果が生じます。この効果が，依頼返却によって失われるかという点が問題となりますが，依頼返却によってはこれらの効果は失われないとするのが判例です（最高裁昭和32年7月19日判決（金判529号39頁））。依頼返却によって支払呈示および支払拒絶の効果が失われず，手形等の所持人が依頼返

第2章　貯金の管理

却を行っても中間裏書人等への遡求権は行使できるという依頼返却の性質は，資金繰りが破綻しかねない者を支払人とする手形を所持する者などにとっては，大変好都合といえるでしょう。

　このようなことから，依頼返却はしばしば不渡り回避の手段として濫用的に用いられているとの指摘もあります。実務対応で説明したように，信用取引の秩序維持に反する目的のために使用されることがないように，慎重に取り扱う必要がある制度であるといえるでしょう。

●依頼返却の事務処理

　依頼返却は，手形交換所に手形等を持ち出した持出銀行の役席者から支払場所金融機関の役席者に電話等で返還を依頼する旨を連絡して行いますから，当座勘定取引を開設しているＪＡは，この連絡を受けるところから依頼返却の処理がスタートすることになります。連絡を受けた役席者は，自ら「依頼返却受付控」（様式例後添）などの所定の管理書式に手形等の明細等を記入し受付役席者印を押印して，当座貯金の係員に回付します。回付を受けた係員は，記載内容にもとづき対象の手形等を確認し，依頼返却受付控と該当の返却手形等を一緒に役席者に回付します。役席者は，依頼返却受付控の記載内容と返却手形等との内容の一致を確認したうえで，依頼返却受付控に手形内容の確認印を押印し，依頼返却に応じるか否かについて検討し，諾否を決定します。さらに，役席者は，依頼返却の諾否について持出銀行の役席者に連絡し，依頼返却受付控に連絡の相手方名等を記載して連絡者印を押印します。

　このように，依頼返却の事務では，持出銀行との役席者どうしの電話等での連絡が重要な意味を持ちますので，「依頼返却受付控」（様式例後添）などの所定の管理書式を用意し，連絡の要点，相手方名，連絡日時などを連絡等にあたった役席者自ら記録し，責任の所在を明らかにするために確認印等を押印するという事務が重要となります。

26. 依頼返却の申出を受けた小切手の返却

◎依頼返却受付控

依頼返却受付控

受付		相手銀行		手形の種類	記号番号	手形の明細			受付役席者印	返却手続の確認						手続完了印	備考
年月日 時刻		銀行支店名	役席者名			支払人	金額	支払期日		手形内容確認印	相手銀行への連絡			公印押捺印	不渡届の確認印		
											時刻	相手方名	連絡者印				
年 月 日 午前 午後 :				小切手 約手 為手				年 月 日			午前 午後						
年 月 日 午前 午後 :				小切手 約手 為手				年 月 日			午前 午後						
年 月 日 午前 午後 :				小切手 約手 為手				年 月 日			午前 午後						
年 月 日 午前 午後 :				小切手 約手 為手				年 月 日			午前 午後						
年 月 日 午前 午後 :				小切手 約手 為手				年 月 日			午前 午後						
年 月 日 午前 午後 :				小切手 約手 為手				年 月 日			午前 午後						
年 月 日 午前 午後 :				小切手 約手 為手				年 月 日			午前 午後						
年 月 日 午前 午後 :				小切手 約手 為手				年 月 日			午前 午後						

第2章　貯金の管理

　さらに、依頼返却に応じる場合は、返却手形等を不渡手形の返還の事務処理に準じた手続によって返却します。この場合の不渡りは、「依頼返却」を理由とする０号不渡届となります。また、返却する手形および小切手には、「貴店役席者○○殿のご依頼により返却いたします」等と不渡りの理由、日付、ＪＡの店舗名を記載して押切印等を押印した付箋を貼って返却します。

　なお、いったん手形交換に持ち出して不渡返還された手形等は、再度交換に持ち出すことはできないのが原則ですが（東京手形交換所規則施行細則22条本文）、あらかじめ支払銀行の承認を得たものまたは「案内未着」、「形式不備」等再度の持出を予期できる返還事由のものについては、再度の交換持出も可能とされています（同22条ただし書）。依頼返却で返却された手形等も、支払銀行の承認を得て、あるいは「再度の持出を予期できる返還事由」に該当するとして、再度の交換持出が可能と考えられますので、注意してください。

27. 自己宛小切手の発行依頼人からの紛失届

質問

当座取引先Aさんから「先日発行してもらったJAの自己宛小切手を入れたカバンを電車のなかに置き忘れ、紛失してしまったから、呈示されても支払わないでほしい」という届出がありました。

この小切手は、JAが2日前にAさんの依頼で振り出し交付した持参人払式の自己宛小切手で、まだ呈示期間中です。なお、この自己宛小切手は、Aさんの強い要望により線引をしないで振り出したものでした。

JAは、この届出にどう対処したらよいでしょうか。

実務対応

質問の事例では、自己宛小切手の発行依頼人であるAさんが来店し、自己宛小切手の紛失の連絡をしてきた場合ですから、Aさんから「自己宛小切手事故届」の提出を受け、ただちに自己宛小切手の事故手形・小切手の登録を行います。このとき、Aさんには、「支払呈示期間内に呈示を受けた場合には、当JAにおいて相手方が善意取得していないことを立証できなければ支払をせざるをえない」旨を忘れずに説明し、理解いただくようにします。

紛失の届出があった自己宛小切手が店頭で支払呈示期間内に呈示された場合には、速やかにAさんに連絡します。Aさんは支払先に自己宛小切手を交付する前に紛失しているようなので、正当な権利者から

119

第2章　貯金の管理

の呈示であることは考えられませんが，念のため呈示のために来店した者が正当な権利者であるかをAさんに確認します。店頭に来た者が正当な権利者とは認められなかった場合には，支払を留保してAさんと来店者で話し合うように求めます。また，交換呈示された場合は，「紛失」を不渡事由とする第2号不渡りとして決済せずに返却し，Aさんと所持人との間で話し合うように求めます。なお，この場合の不渡りは，第2号不渡届の提出と異議申立提供金の提供は必要ないとされています。その他，JAが加盟する手形交換所の規則に従って手続をします。

　支払呈示期間経過後に店頭に支払呈示された場合には，Aさんに連絡のうえ支払を拒絶し，Aさんと来店者で話し合うように求めます。

●自己宛小切手の意義

解説　自己宛小切手とは，金融機関が自店舗を支払人として振り出す小切手のことをいいます。預金小切手（預手）とも呼ばれることがあります。自己宛小切手は，小切手の最終的な支払義務者となる振出人が金融機関であることから，信用上の理由から不渡りになる可能性がほとんどないと考えられており，取引の場面での支払手段として現金に次ぐ信頼を得ています。

　自己宛小切手は，通常は取引先からの発行依頼にもとづき，自己宛小切手の額面金額相当額の支払と引換えに，自己宛小切手を発行依頼人に交付します。このように，自己宛小切手の発行の手続は，金融機関から発行依頼人への自己宛小切手の交付で完結する取引で，その後に支払委託関係などの継続的な関係が生じる取引ではありません。いわば，金融機関から発行依頼人に自己宛小切手を売却する売買というべき取引です。自己宛小切手の発行の際に発行依頼人が支払った資金

は，別段預金（自己宛小切手口）に入金して管理するのが一般的ですが，この別段預金への入金も，金融機関内部の管理と勘定の整理のために行われるもので，この別段預金の性質は，仮受金（金融機関の資産）というべきものです。

　なお，質問の事例では，Ａさんの強い要請によって線引のない小切手として振り出されていますが，自己宛小切手は，事故防止の観点から線引小切手として振り出すのが原則です。線引小切手であっても，自己宛小切手により支払を受けた者が金融機関に普通預金口座を有していれば入金や取立が可能ですから，特段不自由はないはずです。線引なしの自己宛小切手を安易に振り出すのは避けるべきです。

●自己宛小切手の紛失の届出

　質問の事例のように自己宛小切手を紛失した場合には，紛失したことに気が付いた所持人は，支払を止めてもらうことを期待してすぐに支払場所の金融機関の店舗に連絡してくるだろうと思います。金融機関もただちに自己宛小切手の手形・小切手事故の登録を行います。しかし，自己宛小切手を発行した金融機関と発行依頼人との取引関係は，上記のとおり自己宛小切手を発行依頼人に交付した段階で終了しており，金融機関が支払委託を受けているわけではありません。発行依頼人が紛失届を提出しても，それによって支払を全面的に止めることはできません。

　一方で，自己宛小切手を振り出した金融機関は，小切手の所持人に対して小切手の支払人の立場にあり，また振出人としての小切手上の責任または小切手法上の責任を負っています。このため，支払呈示期間内に支払呈示された際に支払を拒絶しても，金融機関は振出人として遡求義務を負担し，小切手の所持人が請求した場合には，正当な所持人でないことを立証できなければ，小切手の支払に応ぜざるをえないことになります。また，支払呈示期間を経過した後に支払呈示され

第2章　貯金の管理

た場合には，小切手の支払人としては支払を拒むこともできますし（小切手法32条），小切手の所持人は小切手の振出人である金融機関に遡求することもできません（同法39条）。しかし，支払を拒まれた小切手の所持人は，小切手の振出人である金融機関に対し，利得償還請求権を行使して小切手金額を請求することができるとされています（同法72条）。利得償還請求権は，小切手の所持人が手続の欠缺や時効によって権利を失った場合に，小切手の振出人等にその利益を受けた範囲で償還（支払）を請求できる権利をいいます。金融機関は，自己宛小切手の発行にあたって発行依頼人から小切手金の支払を受けていますから，その分で利得を得ていることになりますので，その範囲（小切手の額面金額）を小切手の所持人に支払う義務を負担することになるわけです。

　このように，自己宛小切手を振り出した金融機関は，仮に発行依頼人から紛失の届出を受けても，小切手の所持人が正当な所持人でない（善意取得していない）ことを立証して抗弁しない限り，自己宛小切手の金額を支払わざるをえないことになるわけです。

●実務の対応

　自己宛小切手についての法律関係は以上のとおりですが，実務の対応は，これらの法律関係を踏まえつつ通常次のとおり事務手続に規定されています。いずれも日常行われる処理ではありませんので，役席者の承認を得ながら，慎重に対応する必要があります。

　なお，紛失等の事故の連絡や届出があるにもかかわらず，自己宛小切手の所持人の権限等に慎重な配慮をせず漫然と支払った結果，正当な所持人等に損害が生じた場合には，ＪＡが正当な所持人等から損害賠償の請求を受けることがありますので，十分注意します。

①　発行依頼人から紛失の連絡を受けた場合は，速やかに自己宛小切手の手形・小切手事故の登録を行ったうえで，手形・小切手事

故届の提出を受けます。その際，実務対応に記載したように，正当な所持人でないことを立証できない場合には支払わざるをえない旨を説明して，理解を得るようにします。

② 紛失した自己宛小切手が支払呈示期間内に店頭で支払呈示された場合には，発行依頼人に連絡し，店頭で呈示した者が正当な所持人かどうかを確認します。正当な所持人と確認がとれれば支払いますが，質問の事例では，発行依頼人が自己宛小切手による支払を完了する前に紛失したということですから，通常正当な所持人が小切手を所持していることはないと思われます。正当な所持人との確認がとれなかった場合には，支払をいったん留保して，発行依頼人と小切手の所持人の間で話し合ってもらうように求めます。

③ 自己宛小切手が交換呈示された場合は，決済せずに「紛失」を理由とする第2号不渡りとして不渡返還します。なお，自己宛小切手の第2号不渡りの場合には，第2号不渡届の提出と異議申立提供金の提供は必要ありません。その他，事務手続とＪＡが加盟する手形交換所の規則に従って対応します。

そのうえで，発行依頼人には，小切手の所持人と話し合うように求めます。

④ 自己宛小切手が支払呈示期間経過後に支払呈示された場合には，支払を拒絶したうえで，発行依頼人と小切手の所持人の間で話し合うように求めます。

●自己宛小切手の発行の際に受領した資金の返還

自己宛小切手の紛失の連絡を受けた後に支払呈示がなされないまま支払呈示期間が経過した場合，発行依頼人のＡさんから自己宛小切手発行の際にＪＡに支払った資金の返還を求められる場合があると思います。しかし，自己宛小切手にかかるＪＡの法律上の支払義務は上述

のとおり当面消滅しません。ＪＡがこれらの義務を免れるのは，自己宛小切手の証券が無効となった場合とすべての義務が消滅時効によって消滅した場合に限られます。

　前者の場合として，有価証券の券面の効力を失わせる手続である公示催告・除権決定の手続を経て除権決定を得たことを確認して返還に応じることが考えられます。また，後者の場合は，遡求義務などの小切手上の義務の消滅時効が振出日から6か月（小切手法51条），利得償還義務は小切手上の義務が時効消滅してから5年で時効消滅するとされています（最高裁昭和42年3月31日判決（金判57号5頁））。

　しかし，このような手続や期間の経過を待たなくても，後日紛争発生の恐れがないと見込まれる場合には，発行依頼人の便宜を考慮して返還に応じるのが一般的な実務です。具体的には，発行依頼人が信用力のある貯金者で信頼できる場合，小切手が焼失した，破損がひどく使用に耐えられない等，喪失事由が確認できる場合，長期にわたって発見されず，かつ他に権利者がいないことが確認された場合には，ＪＡ内部の決定手続を経たうえで，発行依頼人に資金を返還するようにします。

　なお，自己宛小切手の支払呈示もなく，発行依頼人からの資金の返還請求もなく，自己宛小切手の支払呈示期間終了後5年6か月を経過したときは，別段貯金にある資金を信用雑収入等に計上して処理することになります。

27. 自己宛小切手の発行依頼人からの紛失届

◎自己宛小切手事故届

自己宛小切手事故届

年　月　日

農業協同組合　御中

発行依頼人	〒　　－　　　　TEL（　）－ おところ おなまえ	お届け印
所持人	〒　　－　　　　TEL（　）－ おところ おなまえ	実　印(注)

（注）実印（印鑑証明書を添付）を押印してください。

貴組合..................店(所)から交付を受けました下記の自己宛小切手につきまして、事由欄記載のとおり事故が生じましたので、呈示期間経過後に支払呈示があった場合には、貴組合においてその支払いを拒絶してください。

なお、呈示期間内の支払呈示に対し、貴組合において呈示人を正当な権利者と認めて支払いされてもその処理に対して何ら異議を申し立てません。

また、支払拒絶されたことにより、万一紛議等が生じましても、その責任はすべて私どもにおいて引き受け、貴組合にいささかもご迷惑、ご損害をおかけいたしません。

記

小切手番号	
金　　額	円
振 出 日	年　　月　　日
形　　式	次のいずれかを○で囲んでください。 ・持参人払式　・記名式（受取人氏名　　　　　）
事　　由	
その他	

以　上

＝ 第3章 ＝

貯金の譲渡・差押え・相続

第3章 貯金の譲渡・差押え・相続

28. 定期貯金の譲渡承諾依頼と承諾手続

質問

取引先Aさんの妻Bさんが，Aさん名義の定期貯金通帳を持参し，「夫と離婚し慰謝料としてこの定期貯金を譲り受けたので，名義変更してほしい」と申し出てきました。Aさんからは何の申出もありません。

貯金係が，貯金は譲渡が禁止されているので名義変更には応じられないと説明しましたが，Bさんは「そんなことは知らない」といって納得しません。

実務対応

譲渡性貯金を除くすべての貯金は，その貯金規定に譲渡・質入れを禁止する旨が定められおり，譲渡が禁止されています。もちろん，取引先の要請に応じて譲渡を承諾すれば貯金を譲渡することは可能ですが，原則として貯金の譲渡を金融機関が承諾することはありません。そのため，ＪＡで通常用いられている事務手続にも，貯金の譲渡の手続は規定されていません。

質問の事例のような場合には，その点をよく説明し，Bさんに別口座の開設をお願いして，Aさん名義の定期貯金を中途解約等したうえで，解約金をBさんの口座に振り込むようにお願いするのが原則です。

しかし，貯金の譲渡が法令で禁止されているわけではありませんか

ら，ＪＡが認めれば譲渡は可能です。その場合は，事務手続に手続が定められていませんので，事務処理の方法等も含めて，個別に権限者の決定を得て行うことになります。具体的な事務処理は，譲渡性貯金の譲渡の手続に準じて，ＡさんとＢさんが連署した譲渡通知書の提出を受けて，譲渡承諾と確定日付を付す手続を行い，譲受人からは新規の口座開設の場合に準じて印鑑届等の提出を受け，定期貯金自体は名義・住所等の変更の手続により譲受人を貯金者とする手続をすることになるでしょう。

●貯金債権は特約により譲渡が禁止されている

債権者が特定していて，債権が転々と移転することが法律上予定されていない債権を指名債権といい，貯金債権など契約から発生する債権はすべて指名債権です。

指名債権のうち，各種の法律によって譲渡が禁止されているもの（公務員の退職金や恩給の受給権など），債権の性質上譲渡が許されないもの（組合員に対するＪＡの出資請求権など）のほかは譲渡することができ（民法466条1項），逆に，譲渡可能な一般の指名債権を，当事者間の特約により譲渡禁止とすることもできます（同条2項）。

貯金債権は一般の指名債権ですが，貯金証書（通帳）に印刷された貯金規定に「この貯金または通帳（証書）は譲渡できません」と規定されており，特約による譲渡禁止債権となっています。貯金債権を貯金者が自由に譲渡できることにすると，譲渡の対抗要件の整備や現貯金者の確認など事務や管理が煩雑となることが，禁止する主な理由です。

●ＪＡの承諾があれば譲渡の効力が発生

貯金債権も，貯金者と譲受人の譲渡の申出に対し，債務者であるＪ

Ａが承諾して特約を排除することにより譲渡することができますが，ＪＡは原則として譲渡を承諾することはありません。したがって，一般の貯金の譲渡については，事務手続にも定められていません。譲渡の申出があった場合には，個別に譲渡承諾の可否と事務処理方法について権限者の承認を得る必要があります。

　具体的な事務処理は，譲渡性貯金の譲渡の手続に準じて，貯金者（譲渡人）と譲受人が連署した「貯金債権譲渡承諾依頼書」（後掲書式）の提出を受け，譲渡の意思を確認したうえで，承諾の是非を検討します。この場合，貯金者・譲受人の譲渡の意思の確認と，貯金者に対する債権の有無の確認を慎重に行います。貯金者に対する債権の確認にあたっては，当店だけでなく他の本支店の関連部署とも連絡をとり，融資金・購買未収金・販売借受金等がないかどうかを含めて確認します。もし，ＪＡが貯金者に債権を有している場合には，将来それらの債権と貯金とを相殺することが見込まれるか否かを含めて判断する必要があります。

　もし，貯金者がそれらの債権を延滞しているなど将来相殺することが見込まれる場合には，譲渡を承諾するべきではありません。

　なお，質問のように貯金者Ａさんから何の意思表示もない場合には，貯金者Ａさんの譲渡の意思が確認できませんから，譲受人Ｂさんからの申出だけではＪＡは対応できません。必ず，貯金者と譲受人双方の譲渡の意思を確認します。

●譲渡を承諾する場合の具体的な事務処理

　貯金者と譲受人に貯金を譲渡する必要があるやむをえない事情があるなど，例外的に譲渡を認める場合の具体的な事務処理については，次の各点に注意する必要があるでしょう。

　まず，貯金者と譲受人から提出された貯金債権譲渡承諾依頼書には，ＪＡが譲渡を承諾する旨の奥書を付して譲受人に返戻します。こ

の際，譲受人には承諾欄に速やかに確定日付を付すように依頼します。また，確定日付を付した後の貯金債権譲渡承諾依頼書のコピーを提出してもらい，ＪＡで保管するようにしておくべきでしょう。

　また，譲受人は新たに貯金取引先となることになりますから，必要に応じて犯罪収益移転防止法上の本人確認や印鑑届などの提出を受けるなど，貯金取引の開始に必要な手続を行います。さらに，譲渡の対象となった貯金の名義の変更や住所の変更などの手続も必要となります。通帳式の定期貯金の一部を譲渡する場合には，譲渡に先立って証書式への変更が必要となるでしょう。

　このように通常の貯金の譲渡の事務処理は，もともと予定されていないだけに，個別の事情に応じてどのような処理が必要となるか齟齬のないように慎重に検討したうえで，権限者の承認を得て行う必要があります。

　なお，貯金債権譲渡承諾依頼書の提出を受けたものの，検討の結果ＪＡとしては譲渡を承諾しない（拒絶する）場合には，貯金債権譲渡承諾依頼書を返戻するとともに，貯金者および譲受人双方に書面で譲渡を承諾しない旨を通知するべきでしょう。

第3章　貯金の譲渡・差押え・相続

◎貯金債権譲渡承諾依頼書

貯金債権譲渡承諾依頼書

平成　　年　　月　　日

農業協同組合　御中

譲渡人	住所	
	氏名	お届印
譲受人	住所	
	氏名	実印

　下記貯金債権を上記譲受人に譲渡することをご承諾くださるようお願いします。なお，本件に関し譲渡行為の不備など譲渡人または譲受人の関係で紛議が生じた場合には，すべて私どもにおいて解決し，貴組合にはいっさいご迷惑をおかけしません。

記

貯金種類
口座番号
預入番号
貯金者名
金　　額
満期日

上記の譲渡を承諾します。
　　平成　　年　　月　　日

農業協同組合　　㊞

様

29. 相続人に対する相続貯金の残高証明書の発行

質問

　貯金者であるＡさんが死亡して数日経過したある日，Ａさんの共同相続人（Ｂさん，Ｃさん，Ｄさん）の１人Ｂと称する人が来店し，「死亡したＡは私の父であり，父は生前こちらに貯金をしていたと思う。遺産の分割協議の際に必要なので，残高証明書を発行してもらいたい」との依頼を受けました。来店したＢと称する人とは面識がないため，Ａさんの相続人かどうかもわからないうえ，他の共同相続人の同意なしに依頼に応じると，これに不同意の相続人から守秘義務違反の責任を問われるおそれも懸念されます。

　ＪＡは，どのように対応したらよいのでしょうか。

実務対応

　相続人が複数いる場合であっても，各相続人には相続財産を調査する権利があるため，共同相続人の１人ないし一部からでも残高証明書の発行を求められれば，ＪＡはこれを拒むことはできませんし，発行したＪＡが他の相続人から守秘義務違反の責任を問われることはありません。ただし，質問の場合，以下の手続により発行依頼人がＡさんの相続人本人Ｂさんであることを確認することが必要です。

① 貯金者Ａさんの戸籍（除籍）謄本と発行依頼人（Ｂさん？）の戸籍謄本の提出を受け，Ａさんの死亡の事実と，ＢさんがＡさん

の相続人であることを確認します。また，必要な場合には，申出人がＢさん自身に相違ないかどうかを，運転免許証等により確認します。
② 残高証明依頼書の所定の欄に被相続人Ａさんの名前を記入してもらい，Ｂさんの自署と実印の押印を受け，印鑑登録証明書とともに提出を受けます（ただし，運転免許証などで本人であることが確認できた場合には，認印の押印を受け印鑑登録証明書の提出を省略してもよいですし，Ｂさんが取引先の場合は，届出印の押印によってもよいでしょう）。
③ 残高証明依頼書に押印された印影と，印鑑登録証明書の印影が一致していることを確認します（届出印の場合は印鑑届と照合します）。
④ 残高証明書には，証明基準日である相続開始日に存在するすべての貯金契約を記入します。
⑤ 残高証明書の宛名欄には「被相続人Ａ様相続人Ｂ様」と記入します。
⑥ 残高に未決済の他店券残高が含まれている場合には，備考欄に「内未資金化残高〇〇〇円」と記入します。

なお，証明内容に誤りがあると，後日ＪＡとの間でトラブルが生じるおそれもありますので，誤記のないよう入念な注意が必要です。

●共同相続人の１人から残高証明書の発行依頼があったとき

解説 貯金者が死亡すると，貯金債権はただちにかつ当然に相続人に移転し（民法896条），相続人が数人ある場合には，貯金債権は法律上当然に分割され，各共同相続人がその相続分に応じて権利を承継します（最高裁昭和29年４月８日判決（民集８巻４号819頁））。したがって，相続貯金

29. 相続人に対する相続貯金の残高証明書の発行

の残高証明といっても，Aさんの貯金は共同相続人全員が各法定相続分に応じて分割承継しているため，相続人の1人であるBさん単独の残高証明書発行依頼を受けたJAがこれに応じると，他の共同相続人の承継分についてまで残高を明らかにすることとなり，守秘義務に違反することとなるのではないかという懸念があるわけです。

しかし，相続人は，自己のために相続の開始があったことを知った時から3か月以内に，財産の相続につき承認または放棄をするために，必要な相続財産の調査をする権利があります（民法915条2項）。相続財産を調査しなければ，承認してよいものか放棄すべきかの判断がつかないからです。また，相続人が複数ある場合には，遺産分割協議を行うためにも，相続財産を確認する必要が生じます。

このため，すべての相続人には金融機関から残高証明書の発行を受ける権利があります。ただ，相続人間に争いがある場合には，JAはその争いに介入したくないので，極力全相続人からの依頼により全相続人に答えるのが望ましいところですが，そのような場合でも，共同相続人のうちの1人から単独で残高証明書発行の依頼があれば，他の相続人から残高証明書を発行しないよう申入れがあったとしても，JAは，それを理由に発行依頼を拒むことはできませんし，依頼に応じて残高証明書を発行しても，JAは，個人情報保護法違反，守秘義務違反を問われることはありません。

しかし，相続人等正当な権限を有する者以外からの依頼に応じて，被相続人の残高証明書を発行すると，守秘義務違反の責任を追及されるおそれがあります。したがって，相続人から残高証明書の発行依頼を受けた場合には，貯金者の死亡の事実と依頼人が正当な相続人であることの確認が必要となります。貯金者の死亡の事実については被相続人の戸籍（除籍）謄本等により，また，相続人であることについては，相続人の戸籍謄本により確認し，相続人本人であることの確認は，

運転免許証等の提示を受けるなど，原本の提出を受けるだけで犯罪収益移転防止法上の本人確認となる書面の提示を受けるか，残高証明依頼書に実印を押印してもらい，印鑑登録証明書とともに提出を受ける方法によります。

●残高証明の基準日は相続開始日とするのが原則

残高証明書の証明基準日は，質問の事例のように遺産分割協議の資料として用いる場合には，原則として相続開始日となります。相続人は，相続開始の時から被相続人の財産に属したいっさいの権利・義務を承継し（民法896条），共同相続人間で遺産分割協議がなされると，相続開始の時にさかのぼってその効力を生じます（同法909条）。また，相続開始に伴う残高証明書は，遺産分割協議または相続税申告に使用する場合がほとんどですから，証明基準日は相続開始日となる場合がほとんどということになります。なお，証明内容は，通常の残高証明書と同様に，証明基準日に存在するすべての貯金契約となります。

証明日現在の貯金残高に決済確定前の他店券残高が含まれている場合には，その旨を明記する必要があります。実務的には，残高証明書の備考欄などに「内未資金化残高○○○円」等と記入します。

未払利息の証明を依頼された場合には，その旨も記載して証明します。

相続財産とみなされる貯金および経過利子については，国税庁通達で「預貯金の評価は，課税時期における預入高と同時期現在において解約するとした場合に既経過利子の額として支払を受けることができる金額から，当該金額につき源泉徴収されるべき所得税の額に相当する金額を控除した金額との合計額によって評価する。ただし，定期貯金・定期郵便貯金及び定額郵便貯金以外の預貯金については，課税時期現在の既経過利子の額が少額なものに限り，同時期現在の預入高に

29. 相続人に対する相続貯金の残高証明書の発行

よって評価する」とされています。相続税の申告に用いる評価額証明書の発行を求められた場合には，事務手続等に従い評価額を計算し，評価額として証明します。

●相続人以外の者からの残高証明書の請求があったとき

相続人のほかに，相続人の代理人，相続財産管理人または遺言執行者からも依頼を受け発行することができます。ただし，その際には，その者の資格および本人確認を行う必要があります。

相続人の代理人の場合は，相続人の委任状により確認します。

相続財産管理人は，相続人のあることが明らかでないときに家庭裁判所が選任するもので，相続財産管理人選任審判書および実印，印鑑登録証明書で確認します。

遺言執行者は，遺言書で指定される場合と，家庭裁判所で選任される場合とがあります。指定遺言執行者については，遺言書またはその謄本および自筆証書遺言の場合には検認調書・実印・印鑑登録証明書で確認し，選任遺言執行者については，遺言執行者選任審判書および実印・印鑑登録証明書によって確認します。

第3章 貯金の譲渡・差押え・相続

30. 共同相続人の1人からの
　　相続貯金の取引経過等の開示請求

質問

取引先Aさんが死亡したところ、その共同相続人（Bさん・Cさん・Dさん）の1人Dさんから、遺産分割協議に必要だからAさんの貯金残高証明書のほか、普通貯金口座の最近数年間の取引の経過を開示してほしいとの請求を受けました。相続人間に相続に関してトラブルもあるようであり、他の共同相続人全員の同意なしに請求に応じると、ＪＡが、開示に同意しない相続人から守秘義務違反の責任を問われるおそれが懸念されます。

ＪＡには、共同相続人の1人ないし一部からの開示請求でも、これに応じる義務があるのでしょうか。また、遺言の有無について確認する必要はないでしょうか。

実務対応

相続人の1人からの相続貯金の取引経過の開示請求については、最高裁が預貯金契約にもとづく権利として各相続人が単独で行使できるという判断を示しており、相続人の1人からの相続貯金の取引経過の開示請求にも、原則として応じるのが一般的となっています。

ＪＡでも、原則として応じることとしていますが、個人情報を相続人とはいえ貯金口座の名義人本人以外の人に開示することから、次のとおり慎重に対応することとしています。

30. 共同相続人の1人からの相続貯金の取引経過等の開示請求

① 開示請求をしてきた者が相続人であることを除籍謄本等により確認する。
② 相続人全員の合意を得られない理由，遺言の有無，遺産分割の状況，遺留分など開示請求を行う相続人の事情，相続手続上の必要性，開示請求期間などを確認する。
③ 上記①，②の結果，開示請求する者が相続人の1人であり取引経過を調べる合理的な必要性があることを権限者が確認したうえで，取引経過の開示を決定する。
④ なお，確認した事項などや開示決定の経緯は，記録しておく。

開示することとした場合には，所定の依頼書に実印の押印を受け印鑑登録証明書を添付して提出を受けます（開示請求をする者と取引がある場合は取引印でもよいでしょう）。取引経過の明細書を発行する際には，開示請求された期間の取引経過に限って開示することとし，開示請求された期間以外の取引経過を開示しないように注意すること，開示内容は入出金の記録など貯金通帳に記載される程度の内容に限り，そのときの取引に用いた帳票等のコピーなどの開示や添付はしないこと，貯金元帳など取引経過を確認する資料がない場合には，推測などで開示するようなことはせず事情を説明して理解を求めるようにすること，などに注意し，誰に交付したのかが判るように明細書上に交付先（開示請求した者）の氏名等を明記して交付します。

なお，開示しないと判断した場合には，上述のような最高裁の判例が開示を認めていることもあるので，弁護士等とも相談したうえで，開示請求をした者に理由などを慎重に説明し，十分納得を得るようにします。

第3章　貯金の譲渡・差押え・相続

●相続人の1人からの相続預金の取引経過の開示を認めた最高裁判例

解説　相続人の1人から相続貯金の相続開始前の貯金の取引経過（履歴）の照会を受けるケースがよくあります。遺産分割協議の参考にするとか遺留分減殺請求の資料に用いるなど理由はさまざまですが，資料を必要とする事情があることは間違いありません。金融機関では，従来から相続人全員からの依頼があれば取引経過の開示にも応じるという方針で対応していましたが，遺産分割などで相続人間に争いがあって他の相続人の協力が得られない場合も多く，相続人の1人から開示請求がなされるケースも多くありました。これに対し，従来の金融機関の実務では，遺産分割前の相続貯金は相続人全員が共有していると考えられていたことから，相続人の1人からの開示請求に応じると他の相続人との関係で守秘義務に違反するのではないかという疑問もあって，消極的に対応することが多かったと思います。

　この問題については，平成14年頃から下級審に判例が現れ始めましたが，その結論が相続人の1人からの相続貯金の取引経過の開示請求を認めるものと認めないものとに分かれたため，金融機関も実務に戸惑う状況となっていました。そのようななか，開示請求を認めなかった東京高裁判決（平成14年12月4日判決（金法1693号86頁））に対してなされた上告・上告受理申立が，最高裁で上告棄却・上告受理申立不受理の決定（平成17年5月20日決定（金法1751号43頁））がされたことから，金融機関の実務は，相続人の1人からの相続貯金の取引経過の開示請求を認めない方向に一気に傾きました。

　ところが，最高裁は，開示請求を認めた東京高裁の判決（平成19年8月29日判決（金判1309号65頁））の上告審で上告を棄却する判決をし，そのなかで一転開示請求を認める判断を示しました（最高裁平成21年1月22日判決（金判1314号32頁））。その判決のなかで，

140

30. 共同相続人の 1 人からの相続貯金の取引経過等の開示請求

　最高裁は，金融機関は，預金契約にもとづき預金者の求めに応じて預金口座の取引経過を開示すべき義務を負うこと，預金者の共同相続人は，共同相続人全員に帰属する預金契約上の地位にもとづき被相続人名義の預金口座についてその取引経過の開示を求める権利を単独で行使することができ，他の共同相続人全員の同意がないことは権利行使を妨げる理由にはならないこと，という判断を示しました。これを受けて，金融機関の実務は，相続人の 1 人からの相続貯金の取引経過の開示請求に応じる取扱いとなりました。

●**取引経過の開示にあたっての実務上の問題点**

　平成 21 年の最高裁の判決以後，その結論に従って取引経過の開示を行うにあたり，次のような実務上の問題点が指摘されています。

(1) **預金者からの取引経過の開示請求に応じなければならない範囲（期間的・内容的）**

　平成 21 年の最高裁判決では，開示請求に応じるのは金融機関の義務とされましたが，そこで問題となるのは，金融機関として過去何年分まで遡って開示に応じる義務があるのかという点と開示内容はどの程度まで求められるのか，という点です。この点については法律上明確な基準が示されているわけでもないので，各金融機関が工夫して取扱いを定めているのが実情です。開示に応じる期間については，貯金の元帳の保存期間に応じているのが実態でしょう。貯金の元帳の保存期間は，保管のコストやスペース，参照の頻度などを考慮して 10 年程度で設定しているところが多いと思いますが，最近ではもう少し長く保存している金融機関もあると思います。いずれにしても，取引経過を正確に確認するための資料が保存されている期間について開示に応じているのが実態でしょう。資料がないために開示できない場合には，その旨を開示請求者に丁寧に説明し納得を得るようにします。

　次に開示に応じる内容ですが，これも確認に用いる資料の記載内容

によることになります。具体的には，入出金の明細，現金・振替の別などは最低限必要となるでしょう。なお，取引に用いた帳票の閲覧や写しの交付を求められる場合がありますが，そこまで開示する義務はないだろうと思います。

(2) **相続人の1人からの開示請求に応じる場合の問題点**

平成21年の最高裁判例の事例のように，相続貯金が明らかに共同相続人全員の共有状態になっている場合はよいのですが，相続の状況や相続人の状況によっては，共同相続人全員の共有とは言い切れない場合もあります。

第一に，開示請求を行った相続人に欠格事由がある場合（民法891条）や相続人から廃除されている場合（同法892条），あるいはすでに相続を放棄している場合です。これらの場合は，それらの者は相続人ではありませんから，当然開示請求は認められません。もっとも，戸籍謄本に記載される廃除はともかくとして，他の欠格事由があることや相続の放棄を行っていることの確認は，本人に確認する以外に有効な方法がないように思われます。

次に，開示請求が行われた相続貯金について，遺言や遺産分割によってすでに相続する者が決まっており，開示請求した相続人には帰属しないことが明らかになっている場合です。この場合には，開示請求をした相続人は相続貯金の預金契約の当事者の立場に立ってはおらず，取引経過の開示請求はできないとも考えられますが，一方では，遺留分の計算などのために取引経過を確認する必要性があることも否定できません。この点も，開示請求を行った相続人に開示請求を行った理由などを確認する際に合わせて確認することが必要でしょう。

なお，これらの点について，開示請求を行った相続人の承認が得られれば，他の相続人にも確認することも検討すべきでしょう。

31. 口座振替の取扱いのある貯金者の死亡

質問

最近，取引先のＡさんが死亡しましたが，Ａさんには住宅ローンの貸付があり，毎月の元利金の返済は，Ａさん名義の指定貯金口座から引き落とす約定となっています。

また，Ａさんは，ローンを将来一部繰上返済するために定期積金も継続しており，その掛金も同じ普通貯金からの口座振替契約によって払い込んでいました。

近々この２件の振替期日が到来しますが，ＪＡは相続人に連絡することなく引落しを行ってもさしつかえないでしょうか。

実務対応

口座振替の取扱いがある貯金者が死亡した場合は，速やかに相続人に連絡をとり，口座振替の取扱いを継続するか中止するかを確認し，継続する場合には，相続人全員から相続口座振替依頼書の提出を受けて取り扱うのが原則です。また，相続人全員から相続口座振替依頼書の提出が受けられないときは，その理由を確認し，事情やむをえない場合には，できるだけ多くの相続人から依頼書の提出を受けて口座振替を継続します。

これらの処理は相続関係が整理されるまでの特例的な対応ですから，どちらの場合も，相続人には被相続人の取引関係を速やかに整理

して被相続人が契約していた口座振替を廃止し，新たに相続人と口座振替契約を締結するようにします。

　万一，相続人と連絡がとれないうちに振替期日が到来した場合には，緊急の便宜的な対応として取り扱うことの承認を権限者から得て，口座振替の取扱いを継続することもできますが，これはあくまで便宜的な対応ですので，被相続人が生前利用していた公共料金等や貸出金の元利金支払の引落しなど，口座振替を行うことが相続人等にとって明らかに利益である場合に限定して対応すべきです。

　質問の事例では，住宅ローンの元利金返済の引落しについては，団信によって全額返済が可能かなどの事情も含めて，今後どのように回収していくかを検討したうえで，引落しの可否を判断する必要があるでしょう。また，定期積金の掛金の引落しについては，定期積金の相続自体がはっきりしないわけですから，相続人に確認がとれない状態では引落しを継続すべきではないでしょう。

●口座振替（自動引落し）は委任契約

　口座振替や自動引落しの取扱いは，貯金者と金融機関と収納機関の3者が関係する取引です。このうち貯金者と金融機関の関係は，貯金者が金融機関に対し，貯金者に代わって貯金者の指定した貯金口座から貯金の払戻しを行い，その資金を貯金者の指定する収納機関の指定口座に振り替えたりその金融機関への支払等に充当したりすること，を委託する法律関係です。これらの契約関係は，ほとんどの場合，貯金者を委任者，金融機関を受任者とする，委任契約（民法643条）または準委任契約（同法656条）に該当し，特約がない限り民法の委任に関する規定が適用（準用）されることになります。

　民法の規定には，委任契約（準委任契約）は，委任者が死亡した場

合には終了することとされていますから（同法653条1号），この規定がそのまま適用された場合には，口座振替の取扱いのある貯金者が死亡した後は口座振替の取扱いは行わないということになります。しかし，この民法の規定は，当事者が死亡後も委任（委託）を終了させない旨を特約した場合には適用されないと考えられており，その特約は明文で規定されていなくても契約全体の趣旨から死亡後も委任（委託）を終了させない趣旨が読み取れればよいとされています。口座振替や自動引落しの場合も，その委託内容によっては委託が終了せず，委託者である貯金者が死亡した後も受託者である金融機関が引き続き口座振替等を行う義務を負担する場合もありうるわけです。

　さらに，委託者である貯金者が死亡した後も金融機関が受託者としての義務を負担しているか否かは別にして，死亡後に行った口座振替とその前提としての貯金の払戻しが有効とされる場合があります。判例に現れた事例ですが，所得税の口座振替の委託を受けた銀行が預金者の死亡を認識した後に行った所得税支払のための預金引落しについて，「（預金）引落しは，……委任者（預金者）と銀行との間の自動振替の委任契約に基づく裁量の余地のない実行行為であるから，委任者の死亡後は引落しをしない旨の特約があるなどの特別の事情のない限り，委任者（預金者）の死亡後にも事務管理として行い得る行為であり」，預金引落しは有効であるとしたものがあります（東京地裁平成10年6月12日判決（金判1056号26頁））。

　（注）　事務管理

　　事務管理とは，義務がないのに他人の事務を行うことをいいます。事務管理を行う者は，本人の利益に最も適合する方法で行うことや本人への通知の義務，事務管理を本人や相続人等が管理することができるまで継続する義務などを負いますが，その費用を本人に請求することが認められています（民法697条～702条）。

第3章　貯金の譲渡・差押え・相続

●貯金者死亡後の口座振替等の対応

　口座振替や自動引落しは上述したような法律関係を有するわけですが，実務の対応を考える場合には，相続人の意向を考慮しないことは好ましくなく，金融機関が相続人の意向の確認を怠った場合には，相続人と金融機関の間でトラブルとなり訴訟にも発展しかねません。実際に，上述の東京地裁の事件は，預金者の死亡後に行った納税のための口座振替にかかる預金の引落しの効力を相続人が争い，銀行に訴訟を提起したという事例です。

　このようなトラブルを回避するために，金融機関の対応としては，まず相続人の意向を確認することを優先します。実務対応のところで説明しましたが，相続人全員の同意あるいは可能な限り多くの相続人の同意を得て対応するのが原則ということになります。

　しかし，この質問の事例のように，振替期日までに時間がなく相続人に連絡がとれないような場合の対応は問題となります。この場合には，上述した判例にもあるような，被相続人の税金の支払や被相続人が生前に使用した公共料金など，事務管理といいうるような場合や貸出返済金への振替のように相殺によって行いうるような場合などに限定して，慎重に対応すべきでしょう。また，相続人に確認しないで口座振替等を行うことはあくまで便宜的な対応ですから，相続人とできるだけ早く連絡をとるようにして，その意向を確認するべきです。

●質問の事例の対応

　質問の事例は，住宅ローンの返済金の自動引落しと定期積金の掛金の口座振替の期日が迫っているというものですが，これについて相続人と連絡がとれない場合の対応をどのように考えればよいでしょうか。

　まず，住宅ローンの返済金ですが，死亡した貯金者が借り入れていた住宅ローンの返済金であれば，自動引落しによらなくても相殺に

よっても貯金から回収が可能ですから，自動引落しを継続して扱うこともできると思います。しかし，ＪＡの住宅ローンには団体信用保険が付保されていますから，その保険金で回収可能であれば自動引落しを行う必要はないことになります。団体信用保険（団信）が付保されている場合には，団信からの回収可能性も含めて自動引落しの必要性を検討することになります。また，団信が付保されていない場合には，自動引落しを行わずに延滞を発生させることは相続人とって好ましいこととはいえませんから，自動引落しを行うべきでしょう。

　次に，定期積金の掛金の口座振替ですが，これは定期積金の相続関係も明らかでない状況で，約定上は定期積金者の義務とされていない掛金の払込みを行う必要性は高いとはいえないでしょう。また，定期積金者の義務とされていない定期積金の掛金の払込みを定期積金者に代わってＪＡが行うことを事務管理といえるかも疑問です。実務対応で説明したとおり口座振替を行うべきではないでしょう。

32. 相続させる旨の遺言がある場合の相続貯金の払戻し

質問

　ＪＡとの間で貯金取引をしていたＡさんが亡くなり，相続人は長女と長男の２人です。Ａさんは，長年にわたり長男と同居し，長男に面倒をみてもらっていましたが，数年前に脳梗塞を患い，その後，長女に面倒をみてもらっていました。

　今般，公正証書遺言の遺言執行者と名乗るＢさんから，ＪＡに対し，「相続させる」旨の遺言にもとづき，Ａさん名義の貯金はすべて長女が相続することになったので，すべて長女名義にするよう依頼がありました。

　ＪＡでは，Ａさんの相続人は長女以外に長男がいることを知っていたので，長男の同意を得ずにＢさんの請求に応じるべきか迷っています。

　ＪＡは，どのように対応すればよいでしょうか。

実務対応

　公正証書遺言により相続貯金の払戻請求がなされた場合，公正証書遺言書の正本または謄本で，ＪＡの相続貯金についての記載があるか，相続貯金全額を相続人の長女に「相続させる」旨の記載がなされているかを確認します。

　次に，遺言公正証書のなかに，遺言執行者としてＢさんが指定されているかを確認します。Ｂさんが遺言執行者に指定されている場合

は，Ｂさんに対し，当該遺言が最後の遺言で遺言の有効性について争われていないかを確認します。Ｂさんから，最後の遺言で遺言の有効性について争われていない旨の説明を受けた場合は，遺言により相続取得することとなった長女と遺言執行者であるＢさんとの連名による相続手続（貯金払戻）依頼書の提出を受け，長女名義に変更します。

　しかし，最後の遺言でない，または遺言の有効性について争われている場合は，弁護士に相談するなど慎重に対応します。その場合の対応としては，遺言執行者から他の相続人に遺言により相続の手続を行う旨の通知を出すよう依頼する方法があるでしょう。遺言執行者が通知を出すことに応じてくれないときは，遺言執行者の了解を得て，ＪＡは知っている相続人（本件の場合は長男）に対し，公正証書遺言にもとづき払戻請求を受けており，相当の期間（2週間から1か月程度）内にＪＡに異議の申出がなされなかった場合は，遺言により払い戻す旨通知するようにします。

　ＪＡに対し，定められた期間内に遺言により払い戻すことについて異議の申出がなかった場合は，遺言執行者に相続貯金の払戻しをしますが，他に新しい遺言がある等の法的理由を付し受益相続人への払戻しに異議の申出があった場合は，遺言執行者にその旨を伝え名義変更を留保したうえで，弁護士等に相談するなど慎重に対応します。

●公正証書遺言の効力

　遺言は，被相続人が自己の死後における遺産の処理等についての意思表示であり，遺言者の死亡により効力が生じることから，民法は，遺言の方式について厳格な定めをしており，民法の定める方式に従わないで違反した場合は，効力が生じないことになっています（同法960条）。

　遺言には普通方式と特別方式がありますが，ほとんどが普通方式で

あり，普通方式には自筆証書遺言，公正証書遺言および秘密証書遺言があります。

公正証書遺言は，原則として遺言者本人の口授により公証人が作成します（民法969条）。公正証書は元裁判官等の公証人が作成するため，方式等の違反によって無効となるおそれがきわめて低く，一般的に金融機関は，公正証書遺言については有効なものとして取り扱っています。

●相続させる旨の遺言の効力

「相続させる」旨の遺言については，遺贈かどうかについて解釈が分かれていましたが，最高裁平成3年4月19日判決（金判871号3頁）は，特定の遺産を特定の相続人に「相続させる」趣旨の遺言があった場合には，「当該遺言において相続による承継を当該相続人の受諾の意思表示にかからせたなどの特段の事情のない限り，何らの行為を要せずして，被相続人の死亡の時（遺言の効力の生じた時）に直ちに当該遺産が当該相続人に相続により承継される」との判断を示しました。

この判例に従えば，特定の相続貯金を特定の相続人に「相続させる」旨の遺言内容となっている場合は，当該受益相続人は，共同相続人による遺産分割協議を経ることなく，ただちに特定の貯金を取得し，自己の署名押印のみで当該相続貯金の払戻しをＪＡに請求することができることになります。

●最後の遺言であることの確認

公正証書遺言は，公証人が証人2名立会いのもとで作成することから無効になる可能性はきわめて低いのですが，後日撤回されることはあります。たとえば，遺言が数通作成され，前に作成された遺言の内容が後に作成された遺言の内容と矛盾・抵触する場合には，抵触する部分について前の遺言が撤回されたものとみなされます（民法1023

条1項)。

　そのため，金融機関は，払戻請求者が持参している公正証書遺言が最後の遺言であるかを調査する必要があります。

　しかし，相続人である払戻請求者に対し他に遺言があるかの確認をすれば，金融機関に過失はないとする判例（東京高裁昭和43年5月28日判決（下民集19巻5・6号332頁））もあり，金融機関の多くはこの判例を根拠として，他の相続人に最後の遺言であるかの確認をしていないようです。ＪＡで一般的に用いられている事務手続も，この考え方に従って定められています。

●遺言執行者が指定されている場合

　遺言で遺言執行者が指定されている場合，相続人は相続財産の処分その他遺言の執行を妨げるべき行為をすることができません（民法1013条）。

　ところで,「相続させる」旨の遺言の場合には，相続貯金の払戻（名義変更）権限について，遺言執行者だけが有するのか，それとも前記最高裁平成3年4月19日判決の趣旨から遺言執行の余地はなく受益相続人だけが有するのか，高裁段階で見解が分かれており，最高裁の判断も示されていません。そこで，受益相続人と遺言執行者との連名により払戻請求を受けるように取り扱うのがよいでしょう。

●遺言について争いのある場合

　遺言について争いのある場合や他の相続人の遺留分を明らかに侵害している場合には，弁護士に相談するなどして慎重に対応します。そのような場合の対応の例としては，遺言執行者から他の相続人に対し遺言執行について通知してもらう方法があるでしょう。

　もし，遺言執行者が協力しない場合には，遺言執行者の了解を得て，ＪＡが今までの取引等により相続人であることを知っている相続人に確認するようにします。そのようにすれば，仮に最後の遺言でな

い場合であっても，ＪＡの過失が問われることは少なくなると思われます。

　ＪＡから相続人への通知には，「遺言にもとづき払戻（名義変更）請求を受けており，払戻しに応じる予定のため，払戻しに異議がある場合は平成○年○月○日までに法的理由を付して書面で申し出る」旨を記載します。異議申出の期間は，異議の申出を検討するために必要な期間であり，最後の遺言でない，遺産分割協議済みであるなど，法的に払戻しができない事由があれば異議の申出ができることから，2週間から1か月間程度あれば十分と思われます。

　　　　　●遺留分減殺請求権行使の通知が送達された場合の対応方法
　遺言執行者またはＪＡからの遺言にもとづき払い戻す旨の通知に対応し，遺留分減殺請求権を行使した旨の通知がＪＡに送達された場合，遺留分減殺請求権の行使により遺留分を侵害する限度において遺言の効力は消滅し，受益相続人が取得した権利は，その限度で当然に遺留分権利者に帰属します（最高裁昭和57年3月4日判決（金判645号34頁））ので，当該遺言執行者に対して遺留分減殺請求権行使に伴い払戻しを留保することの説明を行い，払戻しを留保します。

「相続させる」旨の遺言の最高裁判決-

　被相続人は，死後の世界まで自分の財産を持って行くことはできませんが，自分が苦労して築いた財産の最後の処分として，死んだ後に財産をどのように相続させるか，誰に譲るかを決めることができます。それが遺言です。

　遺言のうち特定の相続財産を特定の相続人に相続させる内容の遺言について，公証役場で公証人が作成する公正証書においては，「相続させる」と記載してきました。また，登記実務も「相続させる」旨の遺言の場合，遺産分割協議を経なくても相続を原因として所有権移転の登記ができるとして取り扱われてきました。

　しかし，下級裁判所において，「相続させる」旨の遺言があっても，改めて共同相続人間で遺産分割協議が必要である旨の判決が出されたため，相続貯金の払戻実務においては，法定相続人全員の同意を要求するのが従来の実務でした。

　以上の状況のため，最高裁判所の判断が待たれていたところ，最高裁は平成3年4月19日判決で，「相続させる」旨の遺言について，「何らの行為を要せずして，被相続人の死亡の時（遺言の効力の生じた時）に直ちに当該遺産が当該相続人に相続により承継される」とする見解を示しました。

　この判決は，金融実務上の問題を解決し，相続分野における非常に重要な判決となりました。

　さらに，「相続させる」旨の遺言については，遺言で指定された相続人が遺言者より先に死亡した場合，当該相続人の子に代襲相続されるか争いがありましたが，平成23年2月22日に，代襲相続されない旨の最高裁判決（金判1366号21頁）も出されました。「相続させる」旨の遺言の効力について残された大きな問題は，「32. 相続させる旨の遺言がある場合の相続貯金の払戻し」の解説のなかでも触れた，「相続させる」と遺言された財産について遺言執行者による執行の余地があるかの判断だけということになりました。

第3章 貯金の譲渡・差押え・相続

33. 公正証書遺言による 受遺者の貯金名義の変更請求

質問

ＪＡとは取引のないＡと名乗る女性が窓口を訪れ，最近亡くなった貯金者Ｂさんの公正証書による遺言の謄本を提出し，「Ｂさんから貯金の遺贈を受けたので名義を書き替えてほしい」と申し出ました。

遺言書には，確かに「ＪＡに預入れしてある貯金はすべてＡに遺贈する」と記載されています。Ｂさんには妻子があり，ＡさんはＢさんの親族ではありません。

このＡさんの請求に応じてもさしつかえないでしょうか。

実務対応

質問の事例の公正証書遺言は，法定相続人ではないＡさんに対し「ＪＡに預入れしてある貯金はすべてＡさんに遺贈する」という文言ですから，Ａさんに対する特定遺贈を内容とする遺言と考えることができます。さらに，この事例の場合，Ａさんに遺贈された貯金は個々の口座番号などで具体的に特定されてはいませんが，「ＪＡに預入れしてある貯金すべて」という包括的な形で特定されており，法的には特定されていると考えられます。

このように特定遺贈によって特定された物（権利）が遺贈された場合の効果については，遺言の効力が生じた時点で移転の効果が生じるとする考え方と共同相続人等の遺贈義務者の移転行為によって移転の

154

効果が生じるとする考え方があります。また，移転については対抗要件を備える必要があるとされています。

そのようなことから，ＪＡが通常用いている事務手続では，特定遺贈の場合には，公正証書遺言書の正本または謄本と相続人全員，遺言執行者（選任されている場合），受遺者が署名した相続手続依頼書の提出を受け，遺贈の対象となっている貯金に関して他に遺言書がないことおよび遺言書の効力等に争いがないことを手続を依頼する者に確認したうえで，取り扱うこととしています。

●特定遺贈と相続分および遺産分割方法の指定

この質問の事例のように法定相続人以外の者に○○を遺贈するという文言の場合は，遺贈であることが明らかですが，法定相続人に「○○を遺贈する」とか「○○を相続させる」という文言の場合の遺言の解釈は，従来から問題とされていました。この点について最高裁は，特定の遺産を特定の相続人に「相続させる」趣旨の遺言は，遺言書の記載から，その趣旨が遺贈であることが明らかであるかまた遺贈と解すべき特段の事情のない限り，当該遺産を当該相続人をして単独で相続させる遺産分割方法が指定されたものという基準を示しました（最高裁平成3年4月19日判決（金判871号3頁））。このような最高裁の判断を受けて，特定の遺産を特定の者に「相続させる」趣旨の遺言書が示された場合には，指定された者が法定相続人以外の場合には「遺贈」，法定相続人の場合には遺言書の記載内容から遺贈であることが明らかな場合にだけ「遺贈」として扱い，他の場合は「遺産分割方法の指定」として扱うことになります。

●特定遺贈の場合の取扱い

特定遺贈を内容とする遺言書が提示されて，貯金の名義変更の手続

を求められた場合の手続については，実務対応で解説したように，相続人全員または遺言執行者（選任されている場合），受遺者から相続手続依頼書の提出を受けて対応する方法と受遺者だけから相続手続依頼書の提出を受けて対応する方法の2つの方法が考えられます。この2つの方法の背景には，特定遺贈の効果についての考え方の違いがあります。特定遺贈の効果については，遺言の効力が生じた時点で当然に権利の移転が生じるという考え方と遺贈義務者の移転行為によって移転するという考え方があります。前者の考え方が判例といわれていますが，学説は分かれています。このような特定遺贈の効果についての考え方を受けて，ＪＡが通常用いている事務手続では，遺贈義務者として相続人全員と遺贈権利者である受遺者から相続手続依頼書の提出を受けて取り扱うこととしたものです。もっとも，この考え方であれば，遺言執行者が選任されている場合には遺言執行者が遺贈義務者となりますから，遺言執行者と受遺者だけから依頼書の提出を受ければ手続可能ということになります。その場合でも相続人全員から依頼書の提出を受ける手続としたのは，遺贈を巡っては紛争が起きやすいということなどを考慮して慎重を期そうとしたものだと思われます。

●公正証書遺言書についての注意点

公正証書遺言書の場合，法律を専門に扱う公証人が遺言者の意思を確認して作成する遺言書です。内容の改変等もできないことから，裁判所による検認の手続も不要とされています。そのため，自筆遺言書等よりも信頼度が高く安心して取り扱うことができると思われがちですが，実際にはそうともいえないようです。確かに，作成したのが公証人であり原本が公証役場に保管されていることから，改変の可能性はなく内容について争いとなる可能性はほとんどありませんが，作成時の遺言者の遺言能力の有無については，しばしば争いになることがあるといわれています。また，検認の手続を経ないことにより相続人

33. 公正証書遺言による受遺者の貯金名義の変更請求

が遺言書に接する機会が少ないことから、検認を経た自筆証書遺言書などに比べて他の相続人から後日異論が出されトラブルに発展することが多いともいわれています。

遺言書に関しては、公正証書遺言書だから信頼度が高く、遺言書の確認も簡単でよいということにはなりませんので、注意が必要です。

税滞納による貯金差押えをＪＡが否認？①

　ＪＡ本店の相談員に、ある支店から電話がありました。「今、町の徴税職員が税滞納者の貯金差押えと、即時支払を求めてきました。どう対処しましょうか」という問合せです。内容を確かめると次のことが明らかになりました。

1．滞納者は死亡し、相続が開始していますが、ＪＡには相殺すべき債権は何ひとつありません。
2．法定相続人は2人いますが、債務超過を理由に相続放棄手続を進め、受理されています。
3．町は、相続人からの相続放棄をした旨の通知とあわせ、滞納税については当人のＪＡ貯金がそれ以上あるので、それを差し押えて徴収されたい旨の同意書を保持しています。

162頁へ

第3章　貯金の譲渡・差押え・相続

34. 貯金に対する債権差押命令の送達

質問

裁判所から「債権差押命令」が郵送されてきました。役席者に回付すると，差押債権目録の記載事項を確認し，該当する貯金がある場合には，支払差止めの措置をするようにといわれました。
担当者としてただちに行わなければならない事務処理はどのようなことでしょうか。

実務対応

債権差押命令を受理した場合には，その余白等に受理日付および時刻（ＪＡへの到達時刻）を記入して役席者に回付し，受付承認の手続をとります。また，債権差押命令等管理簿を作成して，処理状況の進捗管理をします。あわせて，差押命令の差押債権目録の記載と照合して，貯金者および差し押えられた貯金を特定します。そして，ただちに役席者の承認を得て，当該貯金に支払差止めのための事故・注意情報登録を行います。この場合，当座貯金や普通貯金などの流動性貯金は，差押時の残高を別段貯金に移管します。

　差し押えられた貯金の貯金者に対し，ＪＡが融資金等の反対債権を有している場合には，相殺により債権回収を図る必要もでてきますので，差押命令を受理した場合には，反対債権の有無を早急に調査します。また，差押えや仮差押えが競合している場合は，供託をする必要がありますので，差押等の競合の有無を確認します。

被差押貯金の支払停止の実施後，差押命令にもとづき支払停止等の措置をとった旨を，貯金者に文書で通知します。

差押命令に陳述の催告書が同封されていた場合には，これに所要の事項を記載して2通作成し，送達日から2週間以内に，当該裁判所に送達されるよう郵送します（民事執行法147条1項）。

●債権差押命令が届いたときの取扱い

債権差押命令は，債務者（質問の場合は貯金者）には第三債務者（質問の場合はJA）に対して有する債権（預貯金）の取立その他の処分を禁じ，また，第三債務者に対しては，その債権の債務者に対する弁済（払戻し）を禁止する裁判所の命令です（民事執行法145条1項）。

差押えの効力は，差押命令が第三債務者に送達された時に発生します（民事執行法145条4項）。

しかし，債権差押命令が有効であるためには，誰の貯金をどれだけ差し押えたかが，差押命令の表示から特定できることが必要です。そこで，命令の送達を受けたJAは，差押命令の記載内容から，貯金者，差し押えるべき貯金の種類，数種の貯金または同種の貯金が数口あるときは，その差し押える順序が確定できるかどうか，を点検することが必要となります。貯金者については，必ずしも貯金者名義が差押債務者名と一致していなくても，通称等で同一人と断定できるものであれば差押えの効果が及びます。

また，貯金の種類・順序については，貯金の種類を列記して差押えの順序を付し，「同種の貯金が数口あるときは，口座番号の若いもの（あるいは弁済期の早いもの，または金額の大きいもの）から順次差押債権額に満つるまで」と記載する方法が定型化されていますので，このような表示があれば，貯金は特定されているとみることができま

第3章 貯金の譲渡・差押え・相続

す。

　同一貯金者に対し，すでに他の差押えがあり，各差押額の合計額が被差押債権の総額を超過している場合（差押えの競合といいます）には，ＪＡは差し押えられた貯金に相当する金額を供託所に供託しなければならず（義務供託—民事執行法156条2項），供託をした場合には，事情届を当該裁判所に提出します（同法156条3項，民事執行規則138条）。もっとも，供託は，差押えが競合した場合に限らず，単発の差押えがあった場合でもすることができます（権利供託—民事執行法156条1項）。

●裁判所から陳述の催告を受けた場合

　債権差押命令は，裁判所が差押債権者の申立により，債務者が第三債務者に対して差し押えるべき貯金等の債権を有しているかどうか，実質的な判断をすることなく発します。差押債権者も，命令の申立にあたり債務者の債権を確認する必要はありません。そこで，裁判所は，後日の差押債権者の債権取立権行使のために，申立により，第三債務者に対して差押えにかかる債権の有無等を陳述することを催告してきます（民事執行法147条1項，民事執行規則135条）。

　この催告を受けたときは，ＪＡは，催告書送達の日から2週間以内に，陳述書の，①差押えにかかる債権の存否，②差押債権の種類および額，③弁済の意思の有無，④弁済する範囲または弁済しない理由，⑤差押債権について，差押債権者に優先する権利を有する者，⑥他の差押え・仮差押え・仮処分，の該当項目に記入し，裁判所に郵送します。

　この陳述催告に対して，ＪＡが故意または過失によって陳述を行わず，陳述を遅滞し，または虚偽の陳述をしたために差押債権者が損害を受けたときは，その損害の賠償責任を負わなければなりません（民事執行法147条2項）。しかし，ＪＡのこの陳述は裁判所に対する事

実の報告であって，ＪＡの差押債権者等に対する意思表示ではなく，裁判所，差押債権者，ＪＡともにその内容に拘束されるものではありません。このため，ＪＡが「弁済の意思がある」と陳述した場合であっても，後に債務者に対する反対債権と相殺することは可能です。

なお，被差押貯金について，振り込め詐欺等により凍結された口座である場合は，陳述書の提出に先立って，裁判所に電話等でその旨を連絡します。

●差押債権者から差押貯金の取立があった場合

債務者に差押命令が送達されてから１週間を経過すると，差押債権者には差押貯金の取立権が発生します（民事執行法155条1項）。ＪＡは，貯金者に対して，将来差押貯金との相殺を予定している融資金等の反対債権がなく，差押債権につき差押えの競合等（他の債権者による仮差押え・差押えまたは配当要求）を生じておらず，執行停止や執行取消しの通知がないことを確認したうえで，差押債権者の請求により差押債権を支払うことになります。なお，貯金者等から執行抗告を行った旨の連絡を受けている場合は，執行裁判所へ執行抗告の有無を確認します。

支払にあたっては，裁判所の送達通知書（民事執行規則134条）により債務者への送達後１週間が経過していること，また請求者が差押債権者本人であることを犯罪収益移転防止法上提示するだけで本人確認書類とすることができる書類（法人の場合は，印鑑登録証明書および資格証明書等）により確認します。

支払金額は，被差押債権部分の貯金の元金と，差押命令の差押債権目録にとくに記載されていない限り，そこから発生した差押命令送達日以降の利息です。しかし，定期貯金のような期限の定めのある貯金については，期限前の取立に応じる義務はありません。また，支払は，原則として犯罪収益移転防止法上提示だけで本人確認書類とすること

ができる書類の提示を受けて，本人名義の預貯金口座への振込により支払います。なお，差押債権者の要望等でやむをえず現金で支払う場合には，実印が押印された受領書に印鑑登録証明書の添付を受けて，引換えに支払うようにします。支払後には，支払届を裁判所に提出します。

157頁から
税滞納による貯金差押えを JA が否認？ ②

　これらの事情から，本件は差押えそのものの効力を認め難いので応じかねる旨回答しましたが，かつて差押えが否認されたケースの体験もないため徴税職員は承服はしません。そこで，差押えに応じられない事由を記載した文書の提出を約束して引き上げてもらうことにしました。

　後日送付した回答書には，死亡した者を納税義務者とした差押通知書は無効である旨を簡記しました。本件は，相続財産管理人を選任したうえで徴税の手続をとる必要があったのでしょう。

35. 来店した税務署員による　　　　　　　　　貯金の差押え

質問

来店した税務署員から「債権差押通知書」を渡されて、貯金を差し押えるといわれました。通知書を見ると、取引先である顧客の氏名と、その者の貯金が記載されていました。
税務署員への対応および差押えを受けた貯金は、どのように取り扱えばよいでしょうか。

実務対応

　税金等を滞納した場合には、滞納者の貯金等に滞納処分による差押え（国税徴収法47条）がなされることがあります。滞納処分による差押えがなされた場合の対応は、基本的には民事執行法にもとづく差押えが送達された場合（「34. 貯金に対する債権差押命令の送達」を参照）と同じです。ただし、税務職員は、差し押えた貯金をただちに取り立てることができますので、請求があったときは、速やかに差押えの競合の有無、反対債権の有無を確認し、それらがない場合には、税務署員の本人確認後に支払い、受領書を受け取ります。

　ただし、定期貯金で期限未到来のものについては、期限まで支払を拒むことができます。

第3章　貯金の譲渡・差押え・相続

●滞納処分による差押え

　　　　　　　納税者が国税・地方税・健康保険料等を納期限内
　　解説　　　に納付しない場合に，行政庁は自ら納税者に強制履
　　　　　　　行を求めることができます。この国税等の債権を強
制的に実現する手続が滞納処分であり，滞納処分の最初の段階の手続
が差押えです。これらは国税徴収法等の規定にもとづいて行われま
す。

　滞納処分による貯金の差押えは，第三債務者である金融機関に対す
る債権差押通知書の送達によって行われ（国税徴収法62条1項），滞
納者には差押調書の謄本が交付されます（同法54条）。差押えの効力
は，債権差押通知書が第三債務者に送達された時に生じます（同法
62条3項）が，送達は，必ずしも郵便による特別送達に限らず，Ｊ
Ａへ徴税職員が通知書を持参し，または貯金に対して調査を行ってそ
の終了後，あるいは調査の途中で差押通知書を作成・交付することに
よっても行うことができます。

　差押えは原則として債権の全額について行われますが，金融機関の
預貯金のように第三債務者の資力が確実と認められるときは，滞納税
金に見合う金額を差し押えることができます（国税徴収法63条）。

●差押えにきた徴収職員に支払う場合の注意

　貯金の差押えをすることができる者は，行政庁の徴収職員（国税徴
収法47条）であり，民事執行法による差押えのように債務名義を必
要としません。また，滞納処分の場合は，徴収職員は差し押えた債権
を，差押えと同時に取り立てることができます（同法67条1項）から，
徴収職員から支払の請求を受けたときは，その場で対応を決定しなけ
ればならず，民事執行との差押えが競合しない限り，供託をしても滞
納処分庁に免責の効果を主張できないとされています。

　滞納処分による差押手続のなかには，第三債務者の陳述を催告する

164

規定（民事執行法147条）はありませんが，債権差押通知書に同封された「お知らせ」により，債権の不存在，差押えに対する異議等は税務署に連絡するよう協力を依頼されています。

　ＪＡが相殺または供託の必要がないことを確認し，被差押債権を徴収職員に支払う場合は，当該職員が税務署の徴収職員に相違ないかを十分に確認する必要があります。徴収職員は，国税収納官吏章または歳入歳出外現金出納官吏章を呈示する必要があります（国税徴収法施行規則2条4項）ので，それにより本人確認をします。また，徴収職員の所属する税務署に電話し，確認をとるのも一つの方法です。滞納処分による差押えの場合は，差押日までの利息についても差し押えられている場合が多いので，その場合には，解約時の利息全額を徴収職員に支払うことになります。

　支払を現金で行う場合には，現金と引換えに領収証書（国税の場合は，歳入歳出外の現金領収証書）の提出を受けます。また，徴収職員から提出を受けた納付書により支払うこともできます。

　なお，被差押債権が定期貯金の場合には，満期後に支払に応じればよいことになっています。

第3章 貯金の譲渡・差押え・相続

36. 貯金の差押えの
　　　他店券による入金分への効力

> **質問**
>
> 今日の正午前に取引先の甲商店の当座貯金が，80万円近い税金の滞納処分により差し押えられました。
>
> 差押通知書がＪＡに送達された時点での当座残高は100万円余りでしたが，そのうち30万円は昨日預入れされ，今日の交換に持ち出された他店券分です。
>
> ところが，閉店間際に，甲商店振出の20万円の小切手が店頭呈示されました。
>
> 当座係はこの小切手を支払ってもよいでしょうか。

実務対応　差押えの効力は差押後の貯金には及ばないのが原則です。しかし，質問の場合のような他店券入金による貯金の成立の時期については，見解の違いもありますから，慎重に取り扱います。

　質問の事例の場合，他店券入金の時点で貯金が成立しているとする説に従えば，他店券入金分全額に差押えの効力が及ぶことになります。

　また，資金化の時点で貯金が成立するという説に従えば，他店券入金分に差押えの効力が及ばないことになりますが，小切手の呈示の時点では，100万円の残高のうち70万円は差し押えられ，残りの30万円は，ＪＡでまだ決済未確認で支払資金とするわけにはいきませ

ん。

質問の事例の場合，いずれの考え方に従っても，呈示された小切手は，「資金不足」により支払を拒絶しなければなりません。

●差押えの効力が及ぶかどうか説が分かれている

解説 他店券による預入分に差押えの効力が及ぶかどうかは，その入金分が差押えの時に貯金として成立しているかどうかの解釈によります。証券類による預入れの法律関係については，2つの見解があります。1つは，入金によりJAは証券の取立を委任され，証券が取立済みとなることを停止条件とする貯金契約が成立し，証券が取立済みとなった時に貯金債権が成立するという説（取立委任説）です。

ほかの1つは，入金の時に，JAが証券が不渡りとなることを解除条件として譲り受け，代金を支払ったと解する立場（譲渡説）で，貯金は証券受入れの時に条件付きで成立することになります。

貯金取引の実際においては，貯金規定に「証券類を受入れた場合には，当店で取立て，不渡返還時限の経過後その決済を確認したうえでなければ，支払資金としません」と規定して（当座勘定規定2条1項）取立委任説をとっているといわれていますが，この規定は，たんに支払資金となるのは証券の決済確認後であることを明確にしているだけと考えることもできます。

さらに，取立委任説に従っても，停止条件付きの貯金債権が成立していますから，これに差押えの効力が生じていると考えることもできます。

●実務的には差押えの効力は及ぶとものと考えるのがよい

また，「取立済み」を，手形・小切手が支払銀行において振出人の当座口から決済された時と解釈すれば，取立委任説に従っても貯金は

他店券の決済の時点で貯金は成立するわけですから，理論的には貯金の成立時期と支払資金となる時期とは必ずしも同時ではありません。

　このように取立委任説をとり停止条件付きの貯金債権の成立も否定する解釈をとったとしても，ＪＡが受け入れた他店券を交換に持ち出してから，翌営業日の不渡返還時限までの間に差押えがあった場合には，貯金の成立時期と差押えとの時間的な前後によって，差押えが他店券入金分に及ぶかどうかがかなり微妙となってきます。

　このように考えると，他店券の貯金入金の法的な性質のいかんにかかわらず，他店券入金全部分にも差押えの効果が及んでいると考えて取り扱うのが実務的といえるでしょう。

37. 総合口座の
　　　担保定期貯金に対する差押え

質問

　ＪＡは，Ａさんとの間で金額がそれぞれ20万円・30万円・50万円の3口の定期貯金を担保とする貸越限度額90万円の総合口座取引をしていますが，先日税務署から滞納処分として20万円の定期貯金が差し押えられました。当時，口座の残高は78万余円の貸越があり，差押え後に貸出実行禁止の措置をとったためその後の取引はありません。
　この差押えに対し，担当者はどう処理するのが正しいのでしょうか。

実務対応

　総合口座の担保として組み入れられている定期貯金に対して差押えがなされた場合には，被差押定期貯金を証書扱いに変更したうえで債権差押えの事故・注意情報登録を行うか，総合口座への組入登録を解除したうえで債権差押えの事故・注意情報登録を行います。
　しかし，総合口座の貸越残高が，被差押定期貯金を担保からはずした後の貸越極度額を超過する場合には，被差押定期貯金を証書扱いに変更したり総合口座への組入登録を解除したりして担保からはずす処理はできません。その場合は，貸出実行中止の事故・注意情報の登録を行ったうえで，追加の担保差入れか超過部分の貸越金の返済を求めます。もし，総合口座の取引先がそのどちらもできない場合には，担

169

保定期貯金と貸越金との相殺を検討することになります。なお，相殺を行う場合には，必ず貸越金全額を相殺によって回収するようにします。

また，総合口座の貸越金以外にも貸出金がある場合には，それらの貸出金との相殺の可否も検討しなければならないので注意が必要です。

●総合口座に組み入れられた担保定期貯金の位置づけ

解説 総合口座に組み入れられた定期貯金は，総合口座の貸越金の担保となっています。しかし，担保定期貯金から貸越金を回収する必要が生じた場合には，担保権の実行ではなく相殺によって回収することを予定しているため，定期貯金に設定された担保権は第三者対抗要件を備えていません。総合口座に組み入れられた定期貯金は，その全額が総合口座の当座貸越を保全するために担保権が設定されていますが，第三者対抗要件を備えていないので，担保実行の方法では差押債権者には対抗できません。

そこで，ＪＡは，差押債権者に相殺で対抗できる範囲を確認し，相殺で対抗できない範囲の貯金（差押債権者に取立を許さざるをえない貯金）の額を確定させます。その貯金額が差押債権額を上回っていれば，差押えの効力を認めたうえで，被差押定期貯金を除外した定期貯金を担保とし，貸越極度額を減額したうえで総合口座取引を継続することもできます。

●具体的な対応

上述のような総合口座に組み入れられた定期貯金の位置づけを前提に，総合口座に担保として組み入れられている定期貯金に差押えがなされた場合の実務は，事務手続に従って次のように取り扱うことにな

37. 総合口座の担保定期貯金に対する差押え

ります。

まず，債権差押命令等の記載内容から，総合口座に組み入れられている定期貯金が差押えの対象となっていることを確認します。そのうえで，差押えの対象となった定期貯金を総合口座の担保からはずす処理を行います。具体的には，総合口座の普通貯金と同一の口座で定期貯金を受け入れている場合には，その定期貯金を証書扱いに変更します。別の定期貯金口座や証書扱いの定期貯金を総合口座に組み入れている場合には，組入解除の登録を行います。これらの処理を行った後に，債権差押えの事故・注意情報の登録を行います。

しかし，担保定期貯金の証書扱いへの変更や総合口座からの組入解除の登録は，総合口座にそれらの処理を終わった後の貸越極度額（担保定期貯金が減少するので，当然減額となります）を超える貸越金がある場合には行うことができません。その場合には，「貸出実行禁止」の事故・注意情報の登録を行ったうえで，総合口座の取引先に差押えによって貸越極度額を超過することとなる部分の返済か担保不足部分を補う追加の担保定期貯金の提供を求めます。取引先がこれらの対応をとった後に，差押えの対象となった定期貯金について上述の対応を行います。

取引先が返済や追加担保の提供をしない場合には，ＪＡとしては，「その他債権の保全を必要とする相当の事由が生じたとき」に該当するとして，貸越金全額の即時支払を求めて相殺を行うことを検討することになります。

●相殺にあたっての注意点

質問の事例のように，総合口座に組み入れられた定期貯金の一部特定の定期貯金が差し押えられた場合には，差し押えられた定期貯金を優先して相殺するようなことは絶対に行ってはなりません。そのような相殺を「狙い撃ち相殺」などといって，差押債権者や滞納処分を

第 3 章　貯金の譲渡・差押え・相続

行った税務署等を不当に害する行為とされ，相殺も権利の濫用を理由に無効とされる場合もあります。

　このような場合，差押えを受けた定期貯金も相殺の対象とせざるをえなかったことを明確に示すため，差し押えられた定期貯金が組み込まれた総合口座の貸越金全額を総合口座の担保の定期貯金で相殺により回収する扱いとします。また，差し押えられた定期貯金は最後に相殺財源として，残った額は差し押えられた定期貯金の残りとして，税務署や差押債権者の取立に応じる扱いとすべきでしょう。

38. 自動継続定期貯金に対する仮差押え

質問

　Aさんの定期貯金は預入期間1年，継続回数を定めない自動継続定期貯金ですが，この貯金が満期日間近に仮差押えを受け，そのまま満期が到来したため，JAは自動継続を停止しました。その後仮差押えは取り下げられ，次の満期日（自動継続停止の日から1年後）にAさんから解約払戻しの請求がありました。

　JAは仮差押後の満期日までの定期貯金の約定利息と満期日の翌日から解約日までの普通貯金利率による期限後利息を支払ったところ，Aさんは仮差押後1年間の利息も定期貯金利率で支払うべきだと主張します。

　どちらの考え方が正しいのでしょうか。

実務対応

　仮差押えは貯金者に貯金の処分を禁じる効力があり，処分には定期貯金の書替も含まれると考えられていたことから，定期貯金が仮差押えを受けたときは，満期が到来しても自動継続を認めず，満期後の利息は普通貯金利息を支払うのが，金融機関の一般の取扱いでした。

　ところが，最高裁（平成13年3月16日判決（金判1118号3項））が，自動継続特約付定期預金に対して仮差押えが執行されても，同特約にもとづく継続の効果は妨げられないとして，仮差押えを理由に銀行が自動継続を拒絶することは許されないという見解を示しました。

173

第3章　貯金の譲渡・差押え・相続

　したがって，今後は，仮差押えを受けた自動継続定期貯金の満期が到来したときは，ＪＡは自動継続を継続し，次の満期日までの預入期間についても約定の定期貯金利息を支払うという実務対応をするのが適当でしょう。

解説

●通常の定期貯金なら書替を拒絶する

　貯金債権に対する差押えは，差押命令の効果として貯金者に貯金につき譲渡その他の処分を禁じ，この処分には弁済期の猶予（期限の延期）を含むと解されています。そして，命令に違反した処分は，差押債権者には対抗することができません。この処分禁止の効力は仮差押命令においてもまったく同じです。

　また，定期貯金の満期における書替継続は，満期日に定期貯金を払い戻してその元利金等で再度定期貯金を取り組む取引をいいますが，定期貯金の払戻しという処分行為を含む取引ですから，定期貯金に差押えや仮差押えがなされた場合には，取り扱うことはできません。

●自動継続特約はこの貯金の属性である

　自動継続定期貯金とは，貯金者が満期日までに特別（継続停止）の申出がない限り，満期日にそれまでの元金または元利金の合計金額を新たな元金として，同一預入期間の定期貯金に自動的に継続する特約付きの定期貯金をいいます。貯金者はＪＡに通知して自動継続を停止し満期を到来させることができるため，特別の申出をしないことを期限延長の意思表示とみなせば，自動継続は貯金者の黙示の処分行為ということができます。実務対応で紹介した最高裁判決の原審である高裁判決はこのように解釈しています。

　また，金融実務では，従来から定期貯金を受け入れた金融機関が貯金者の委託を受けて定期貯金の払戻しとその元金または元利金をもっ

38. 自動継続定期貯金に対する仮差押え

て再度定期貯金を取り組むことと解説されていました。

ところが，最高裁は，「自動継続定期預金における自動継続特約は，預金者から満期日における払戻請求がされない限り，当事者の何らの行為を要せずに，満期日において払い戻すべき元金又は元利金について，前回と同一の預入期間，定期預金として継続させることを内容とするものであり，預入期間に関する合意として，当初の定期預金契約の一部を構成するものである。したがって，自動継続定期預金について仮差押えの執行がされても，同特約に基づく自動継続の効果が妨げられることはない」(前掲平成13年3月16日判決（金判1118号3頁))として，自動継続に預貯金者による処分行為が介在する余地はないとする見解を示しました。

普通定期貯金であれば，満期日の到来によって貯金は要求払いの状態となり，書替継続はその段階での貯金者の意思による処分であるのと異なり，自動継続の特約は契約当初からこの貯金が備えた属性であって，満期のつど貯金者が申出をしない限り，その性質が変更されることはないとするものです。

●仮差押後も自動継続は停止しない

この最高裁判例に従えば，自動継続定期貯金については，仮差押えがあっても，ＪＡはそのことだけを理由に自動継続を停止（拒絶）することはできず，自動継続後に仮差押えが取り下げられれば，初めから仮差押えはなかったものとして取り扱う必要があることになります。この判決後，ＪＡが通常用いている事務手続など実務の取扱いもそのように変わりました。もっとも，仮差押債権者が確定判決等の債務名義を得て貯金を差し押えて取立をしてきた場合に，次の満期日到来まで支払を拒み，満期後に定期貯金利息とともに支払うのか，書替後の普通貯金利息を支払って中途解約に応じるのか，実務の対応は固まってはいないと思われます。

第3章 貯金の譲渡・差押え・相続

39. 年金受取口座の貯金の差押えの効力

質問

地区内に居住するＡさんは、公的年金を受給するためＪＡを取扱金融機関として普通貯金口座を開設し、年金振込を受けていたところ、その貯金がＡさんの債権者Ｂさんにより差し押えられました。

しかし、公的年金の受給権は全額につき差押えが禁止されていますから、年金の振込によって成立した貯金債権もまた差し押えることはできず、ＪＡは、振込指定口座内の貯金について、Ｂさんの取立に応じることは許されないのではないでしょうか。

なお、ＪＡにはＡさんに対しては貸付金等の債権はありません。

実務対応

受給者の生活保障を目的とする年金がＪＡの貯金口座に振り込まれると、法律的には、振込の時点で受給者の年金受給権は通常の貯金債権に変質し、公的年金の受給権に認められていた差押禁止の効力は、貯金債権には承継されません。

差押命令がＡさんの貯金債権を対象とするものである以上、ＪＡは、差押命令の有効性とＢさんの取立権取得を確認したうえは、原則としてＢさんに支払わざるをえません（差押命令送達後の取扱いについては、「34. 貯金に対する債権差押命令の送達」を参照してくださ

い）。

　なお，裁判所が，Aさんの申立により，差し押えた貯金残高中，年金額に相当する金額につき差押えを取り消す旨の命令を出すことや，その命令が確定するまでBさんに対する支払を禁止する処分を命じることもありますので，注意が必要です。

●公的年金の受給権は差押えが禁止されている

解説 　国民年金・厚生年金などのいわゆる公的年金の受給権は，それぞれその根拠である特別法によって支給金額の全部の差押えが禁止されています（国民年金法24条，厚生年金保険法41条1項等）。年金は受給者が日常生活を維持するために必要不可欠な資金ですから，受給者の生活保障という国の社会政策的配慮から，その保全を図るために差押えを禁止したものです。

　ところで，「差押えを禁止されている」のは，「年金受給権」すなわち受給権者が国等に対して年金の支払を請求することができる権利であって，受給権者が年金の給付として現実に取得する現金や預貯金債権ではありません。そこで，年金受給権が国等の支払債務の履行によって金融機関に対する預貯金債権に変わった後においても，受給権の法的属性である差押禁止の効力が預貯金債権のうえにもそのまま及んでいくかどうかが問題となります。

　このことについては，受給権の差押えを禁止する趣旨が年金受給者の生活の保護にある以上，受給権が銀行振込によって預金債権に変わった後も，生活保障的制限としての差押禁止の属性は，当然その預金のうえにも維持されなければならないとする見解があります。

●年金振込により形成された貯金債権は差押えできる

　しかし，学説の多数および判例は，年金が銀行口座に振り込まれた

177

ときには，これによって，受給者の年金受給権は消滅して当該銀行に対する預金債権に転化するのであって，両債権は法的な同一性がない別の債権であることを理由に，年金受給権の差押禁止債権としての属性は，振込によって形成された預金債権には承継されないと説いています。

差押え・強制執行について定める民事執行法は，給与・賃金・退職手当等の債権の全部または一部を差押禁止債権としています（同法152条）。しかし，同法においては，これらの債権が銀行振込によって預金債権となった場合においても，なお差押禁止の効力が維持されるかについては何ら規定がないため，実務においても，預貯金については差押禁止の属性は消滅したものとし，原則としてその全部について差押えを許容する取扱いとなっています。このことは，各特別法により差押禁止債権である公的年金の受給権が貯金債権化した場合も，まったく同じです。

このほか，債権差押えに関する裁判所の執行手続において，預貯金債権に対する差押命令を発令する際に，債権差押命令申立書に記載された被差押債権の種類（たとえば，普通貯金・定期貯金など債権の種類）によって差押えを禁止または制限された債権であるかどうかを判断し，それ以上の調査や審尋は行いません。たとえ，被差押債権の原資や原因がどのような性質をもつものかまで追及しようとしても，その把握は事実上困難です。たとえば，受給者が年金受入口座を年金専用としてそれ以外に利用しないこととしていても，それだけでは口座残高全部が当然に年金だけによって成立したことの証明にはなりません。

また，年金が受入指定口座である普通貯金口座に振り込まれ，振込前の貯金残高に混入した後に残高が移動すれば，差押対象となる金額は確定できず，執行時の貯金残高のうち年金部分を差押禁止とするこ

とは，金融機関の取引実務に重大な支障・混乱を生じさせることとなります。このことが，差押禁止債権から転化した預貯金を差押禁止債権とはしない理由の一つともいわれます。

　　　●民事執行法による差押命令の全部・一部を取り消す制度
　しかし，民事執行法には，差押命令の全部または一部を取り消す制度があります（同法153条1項）。この規定は，その運用上，民事執行法152条所定の差押禁止債権だけではなく，本来差押えが認められている債権（預貯金債権・売掛金債権など）についても適用されます。

　そこで，年金受給者が，差し押えられた貯金が主として年金の振込によるものであり，日常生活に必要不可欠な貯金であることを証明して，差押えの取消しを申し立て，裁判所がその必要を認めたときは，先の差押命令によって差し押えた貯金の年金全額分につき差押えが取り消され，受給者が受ける不利益の救済が図られることになります。

　なお，受給者が取消命令の申立をすると，善意のＪＡが差押債権者に支払を済ませてしまわないように，裁判所は，ＪＡに対して申立が効力を生じるまで，その支払の禁止（仮処分）を命じるのが通常です（民事執行法153条3項）。

第3章 貯金の譲渡・差押え・相続

40. 民事再生法による保全処分命令と呈示された手形の不渡事由

質問

当座取引先のＡさんは個人商店主ですが，経営が悪化したため，経営再建をめざして民事再生手続開始を申し立てたようで，過日ＡさんからＪＡに「債務弁済を禁じる」旨の裁判所の保全処分命令の写しが送付されてきました。

ところが，その後に，額面50万円のＡさん振出の約束手形が支払呈示されました。当時の当座残高は45万円余りだったので，当座係は，保全処分命令にかかわらず「資金不足」による不渡りとして取り扱えばよいのではないかと考えましたが，問題はないのでしょうか。

実務対応

民事再生手続開始申立など，法的倒産手続の申立に伴い裁判所から保全処分命令が出される場合があります。保全処分命令は裁判所から出される命令ですが，民事再生手続開始等の申立に伴い出される保全処分命令のほとんどに，民事再生手続開始の申立人に対し「申立前の原因によって生じた債務の弁済を禁止する」旨の命令が含まれています。

当座勘定取引先にこの保全処分命令が出されると，当座勘定取引先は手形や小切手の支払を禁じられます。そのため，当座勘定取引先の支払委託にもとづいて金融機関が行う手形や小切手の決済もできなくなり，手形や小切手が呈示されても不渡りとせざるをえなくなりま

す。手形交換所規則とその施行細則にも，0号不渡事由として「民事再生法による財産保全処分中」など法的倒産手続に伴う財産保全処分中の場合が挙げられています。

また，質問の事例では，呈示された50万円の手形に対し当座勘定の残高は45万円しかなく，決済資金が不足しており，この点でも不渡りとせざるをえません。決済資金の不足による不渡りの場合の不渡事由は，第1号不渡事由の「資金不足」に該当します。

このように複数の不渡事由が重複する場合の取扱いについても手形交換所規則とその施行細則に規定があり，0号不渡事由と第1号不渡事由が重複する場合には0号不渡事由が優先し，手形交換所に対する不渡届の提出は不要とされています。

●民事再生手続開始申立と保全処分命令

民事再生手続（以下，法律の用語に従い「再生手続」といいます）は，経済的に窮境にある債務者について，その債権者の多数の同意を得，かつ，裁判所の認可を受けた再生計画を定めること等により，当該債務者とその債権者との間の民事上の権利関係を適切に調整することによって，債務者の事業または経済生活の再生を図ることを目的とした手続です（民事再生法1条）。

再生手続開始の申立を行い再生手続が開始決定になると，再生債務者の債務の弁済，財産の保全，事業の継続に必要な行為など再生債務者にかかる経済的な行為はすべて再生手続に従って行われます。ところで，再生手続開始申立から開始決定までの間は，債務者は再生手続開始後にそれらの行為が否認されることはありますが，債務の弁済や財産の処分なども法律上は自由に行うことが可能です。そのため，そのままでは，その間に申立を知った債権者が債務者に返済を求めて殺

第3章　貯金の譲渡・差押え・相続

到し混乱が生じたり，一部の債権者に偏った弁済がなされ債権者の平等が確保できなくなったりすることが想定されます。そこで，そのような混乱の発生を防ぐため，民事再生法では，再生手続開始申立後に保全処分の命令を出すことができると定められています（同法30条）。通常の場合，再生手続開始申立と併せて保全処分の申立も行い，ほとんどの場合は，再生手続開始申立を行った当日中に裁判所から保全処分の命令が出されます。

　この保全処分の内容については，個々の事件で異なりますが，ほとんどの場合には，再生手続の債務者に対し「再生手続申立前の原因にもとづき生じた債権の弁済を禁止する」命令が含まれています。この命令があると，再生手続の債務者は申立前の原因にもとづき生じた債務の弁済を禁じられるので，期日が到来した貸出金の返済や呈示された手形や小切手などいっさいの債務の弁済ができなくなります。なお，弁済禁止の保全処分では，債務者が債務の弁済をすることができなくなるだけで，相殺や担保実行など債権者の行為によって債務を消滅させる行為は制限されません。また，弁済は禁止されますが，弁済を猶予されるわけではないので，遅延損害金などは通常の延滞同様に発生します。

　この仕組みは，破産手続や会社更生手続など他の法的倒産手続でも同様です。

●当座勘定取引先に対する弁済禁止の保全処分命令と手形等の不渡り

　当座勘定取引先が再生手続開始申立を行って債務の弁済禁止の保全処分を受けた場合には，当座勘定取引先は申立前に振り出された手形や小切手が呈示されても支払うことができなくなります。当座勘定取引を行っている金融機関は，取引先から支払委託を受け取引先に代わって支払をしているわけですから，当座勘定取引先が弁済を禁止された以上，手形交換等によって呈示された手形等を法律上決済するこ

182

40. 民事再生法による保全処分命令と呈示された手形の不渡事由

とはできず，不渡りとすることになります。このような法律関係を背景にして，手形交換所規則およびその施行細則に「民事再生法による財産保全処分中」という不渡事由が0号不渡事由として規定されています。0号不渡事由は，適法な呈示でないこと等を理由とする不渡りですから，手形交換所に対する不渡届の提出も必要ありません。

なお，民事再生手続等が開始決定となった後は，同じ0号不渡事由に該当し不渡りとしますが，その場合の不渡事由は「民事再生手続開始決定」などに変わりますので，注意してください。

●不渡事由の重複の場合の取扱い

質問の事例の場合，民事再生法にもとづく債務の弁済禁止の保全処分命令が出されていますから，上述のとおり0号不渡事由として不渡りになります。さらに，呈示された約束手形の金額50万円に対し当座勘定には45万円しかなく，資金不足により第1号不渡事由にも該当しています。このように不渡事由が重複した場合の取扱いも，手形交換所規則と同施行細則に規定されています。そのなかで，0号不渡事由と第1号不渡事由または第2号不渡事由が重複する場合には，0号不渡事由が優先し，不渡届は提出しない扱いとなっています（東京手形交換所規則施行細則77条2項1号）。

●当座勘定取引先に対し民事再生手続開始申立等がなされた場合の留意事項

このように当座勘定取引先を債務者とする民事再生手続開始申立等があった場合には，それに伴い弁済禁止の保全処分命令が出されていることが多く，その有無によって呈示された手形や小切手の決済の可否や不渡事由が変わってくるので注意しなければなりません。この保全処分命令は，再生手続等の債務者に対する命令なので，裁判所から直接金融機関に送達されることはありません。金融機関は，当座勘定取引先などを経由して確認するしかないわけです。しかし，倒産直後

の当座勘定取引先は混乱しており，なかなか確認ができないのが実情です。そういう場合には，申立代理人となった弁護士が判ればその弁護士事務所に確認する方法もあります。弁護士事務所では，多くの場合，すべての取引金融機関に保全処分命令をＦＡＸ等で送付する準備をしていることも多いので，簡単に確認できることもあります。

　なお，弁済禁止の保全処分命令が出されていることを確認できない場合で当座勘定に残高があるときには決済せざるをえませんが，保全処分命令が出ているか否かを十分注意して確認したが確認できなかった場合であれば，金融機関が責任を問われることはないでしょう。もっとも，民事再生手続の債務者になるような状況の取引先が当座勘定に残高を残していたり，ＪＡの貸出金の相殺後に残高が残っていることはまれでしょう。第１号不渡事由に該当するとして不渡届を提出した後に保全処分中であったことが判明した場合には，不渡報告等の取消しを手形交換所に請求する必要があります（東京手形交換所規則68条）。

第4章

貯金の解約・払戻し・消滅時効

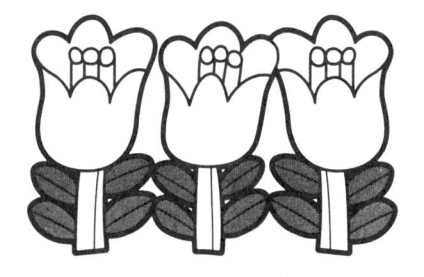

第4章　貯金の解約・払戻し・消滅時効

41. 高齢者に対する貯金の払戻し

質問　貯金取引をしている顧客のなかに，高齢のため最近少し記憶力や理解力が衰えてきた方がいます。先日も，普通貯金の払戻しをした後に，自分の知らないうちに払い戻されているとのクレームを受けました。
　払戻しに来店する時にはしっかりしていますが，時々記憶がなくなるようです。
　大きな問題が発生しないうちに手をうちたいのですが，どのような方法がよいでしょうか。

実務対応　多少判断能力が低下していても，自分の貯金通帳と届出印を持参し，所定の手続をとって払戻請求をした以上，とくにその言動に不自然な点が認められない限り，そのまま払戻しに応じてさしつかえないと思います。なお，本人の同意が得られれば，本人の意思をはっきりと確認できるときに，事実上の保護者を代理人に選任してもらい，その後の取引はすべてその代理人と行う方法も一つの方法です。この場合には，本人と代理人に来店願い，面接してその意思を確認したうえ，両者が署名・押印した代理人届と以後の取引は本人は行わず代理人だけが行う旨の念書の提出を受けて取り扱います。
　また，貯金者の判断能力の低下がある程度進行している場合，保佐

開始または補助開始の審判を受けていることもあります。保佐開始の審判があった場合には，ＪＡに届出すべきことが貯金規定に定められていますが，届出がなされていないかもしれませんので，貯金規定を改めて説明して届出を促しましょう。

　本人が被保佐人であるときは，貯金の払戻しには原則として保佐人の同意が必要であり，被補助人であるときにも，補助人の同意を必要とする場合がありますから，保佐開始等の審判を受けている場合には，所定の届出書（後掲書式）の提出を受け，事務手続に従い払戻請求書にそのつど本人と保佐人または補助人の連署を受けて取引します。

●包括的な払戻差止めは困難

解説　高齢・病気や事故等によって物事に対する正常な判断能力または意思の伝達能力，記憶力などに障がいを生じることがあります。取引先がそのような状況となった場合，自己の貯金を払い戻すことでもトラブルの原因となることがあります。ＪＡとしても，貯金者あるいは組合員保護の観点から，注意を払って取り扱うことが望ましいことはいうまでもありません。しかし，貯金者が，払戻しという行為の意味と結果を認識して自己の貯金を払い戻す限り，その行為は法的に有効であり，特別の事情がない限り，ＪＡが軽々しく払戻しを拒むことは許されません。もっとも，数日前に行った取引のことを思い出せないというようなことが何回もあると，その場では取引の内容を理解しているようでも意思能力の有無をより慎重に確認し，その場では取引を断って，保佐開始等の手続をとるように勧めることも必要でしょう。

　さらに，意思能力がある場合でも，高齢の貯金者が，判断力の弱さにつけこまれて，甘言に乗せられたり虚偽の事実を軽信したりして，

187

金銭をだまし取られる危険があることも事実です。払戻請求が定期貯金の中途解約や払戻額が高額であるときは，払戻しを保留し，その目的・使途をたずね，事情によっては至急家族に連絡する配慮も必要です。

もっとも，貯金者の家族から，貯金者からの払戻請求には応じないよう申出があっても，一般的包括的な払戻差止依頼に応じることは困難です。ＪＡとしては，家族に保佐等の成年後見制度の利用の検討を促すほかは，家族の話合いによる解決を期待するほかはありません。

●貯金を管理する代理人を選任してもらう

貯金者の判断能力の障がいの程度がそれほど深刻ではなく，正常な話合いができるときには，本人を交えて家族で協議のうえ，最も適当な親族を貯金管理の代理人に選任してもらい，貯金取引のすべてを代理人が行い，本人が行わない扱いとすることも一つの方法です。

しかし，この場合は，本人の了解を得ることはもちろん，本人からの取引はＪＡが拒絶することを，本人と代理人から依頼を受けておくことが必要となります。そのため，「今後いっさいの取引は代理人を通じて行い，本人からの取引申出はＪＡから拒絶いただくよう依頼します」と明記した念書の提出を受けて取り扱うことになるでしょう。

●成年後見制度の適用を受けている場合

平成12年4月から発足した成年後見制度は，判断能力が低下した高齢者の保護の要請にも応える制度として広い利用が期待されています。この制度の補助・保佐・後見の三つの制度のうち，貯金取引においてとくに注意が必要なのは，被保佐人との取引です。

被保佐人とは，家庭裁判所の保佐開始の審判により保佐人が付された者（民法12条）で，一定の取引をするには保佐人の同意が必要とされています（同法13条1項）。貯金の払戻しについては，民法13条1項1号に定める元本の領収に該当し，保佐人の同意が必要となり

ますから，高齢の貯金者が被保佐人であると知ったときは，速やかに所定の「成年後見制度に関する届出書」(後掲書式)を提出してもらい，以後払戻し（日用品の購入その他日常生活に必要な払戻しを除く）には，そのつど保佐人の同意があることを確認しなればなりません。保佐人の同意がない払戻しは，本人または保佐人が取り消すと無効となり，法律上は，ＪＡは貯金者に現に利益を受ける限度で償還を請求することができるものの，現実には回収困難となるおそれがあります。

　貯金者が被保佐人であることを申告しないため，健常者と信じて払戻しに応じた場合も同様で，ＪＡは債権の準占有者に対する善意・無過失の弁済（民法 478 条）として免責を得ることはできません。したがって，払戻しを請求する高齢者の判断能力に多少とも疑いをもったときは，請求金額によっては，本人または家族に保佐の審判を受けていないか確かめることも必要です。

　後見が開始された貯金者についても，成年後見制度に関する届出書を提出してもらいますが，被後見人は，精神上の障がいにより事理を弁識する能力を欠く常況にある者ですから，貯金取引は後見人が代理人として行うのが通常です。被補助人の場合は，貯金取引が補助人の同意事項とされている場合に届出書が必要となりますが，補助人の同意権は，本人の申立または同意を条件に付与されるため，普通貯金の払戻しまでその範囲に含まれる例は少ないと思われます。

　なお，被保佐人，被補助人が届出書を提出せず，かつ，ＪＡの質問に対して虚偽の申告をして健常者であると信じさせて払戻しを受けたときは，保佐人，補助人も取消しはできないと解されます（民法 21 条）。また，貯金規定の免責約款の効果を認めて，保佐開始の審判があったことの届出前の貯金払戻しを取消しできないとした判例（東京高裁平成 22 年 12 月 8 日判決（金判 1383 号 42 頁））があります。

第4章　貯金の解約・払戻し・消滅時効

◎成年後見制度に関する届出書

<table>
<tr><td colspan="4">成年後見制度に関する届出書</td></tr>
<tr><td colspan="4">農業協同組合　　支店　御中　　　　　　　年　　月　　日</td></tr>
<tr><td rowspan="2">本　　人</td><td>おところ</td><td colspan="2">（お電話　　－　　－　　）</td></tr>
<tr><td rowspan="2">おなまえ</td><td colspan="2">フリガナ</td></tr>
<tr><td></td><td colspan="2">㊞（届出印）</td></tr>
<tr><td rowspan="3">補　助　人
保　佐　人
成年後見人
任意後見人</td><td>おところ</td><td colspan="2">（お電話　　－　　－　　）</td></tr>
<tr><td rowspan="2">おなまえ</td><td colspan="2">フリガナ</td></tr>
<tr><td colspan="2">㊞（届出印）</td></tr>
</table>

　私（本人）は，成年後見制度に係る家庭裁判所の審判を受けましたので，貴店との取引について，次のとおりお届けします。
　なお，届け出内容に変更があった場合には，改めてお届けします。

(1) 審判の内容（該当する項目を○で囲んでください。）

審判の種類	補助　保佐　成年後見 任意後見（任意後見監督人の選任）
	代理審判の種類　同意権（取消権）付与の審判
代理権・同意権の内容	添付資料のとおり
添付資料	登記事項証明書（審判書および確定証明書）

(2) 現在の取引の種類

口座番号をご記入ください	総合口座	普通	
		定期	（その他，各JAにおける取引の種類を記す）
	普通貯金		
	定期貯金		
	当座貯金		

(3) その他

42. 口座開設店以外の店舗での払戻しと注意義務

質問

　ＪＡのＡ支店は，Ｂ支店が発行した普通貯金通帳と印章を所持している見覚えのない来店者から，貯金の払戻請求を受けました。印鑑照合システムによる印鑑照合の結果に問題はなく，他に不審な点も見受けられなかったので払戻しに応じたところ，後日になって，その普通貯金の貯金者と同居していた友人が通帳と届出印を勝手に持ち出して払戻しをしたことが判明しました。

　ＪＡ内部の勉強会で，口座開設店以外の店舗での払戻しの場合にとくに注意しなければならない点などを確認し合ってはいましたが，担当者はその成果を活かすことができなかったようです。

　ＪＡには，貯金者に対して貯金の二重払いまたは補てんの責任が生じるのでしょうか。

実務対応

　質問の事例では，同居している友人が本人になりすまして払戻しを受けています。このような場合，払戻しが行われたことについてＪＡが善意かつ無過失の場合には補てんの対象となりません（普通貯金規定10条4項1号など）。この場合の善意・無過失は，貯金規定の免責約款および民法の準占有者への弁済の場合の善意・無過失と同じと考えてよいで

しょう。したがって，貯金規定の免責約款および民法の準占有者への弁済の規定によりＪＡの貯金払戻しが有効なものとされるかという事案と同様に考えればよいでしょう。

　普通貯金規定には，「貯金通帳と届出印により記名押印した払戻請求書の提出を受け，相当の注意を払って印鑑照合をして相違ないものと認めて貯金の払戻しに応じたときは，払戻しにつき事故があってもＪＡは責任を負わない」旨が定められています。この規定は，払戻しを取り扱うすべての店舗に共通に適用されるものですから，口座開設店以外の店舗の払戻担当者が払うべき注意義務も，口座開設店のそれと基本的には変わりません。ただし，日頃は利用しない店舗での払戻しですから，疑わしい事情がないかどうか一層慎重に判断する必要があるとされています。すなわち，通常どおりの慎重な印鑑照合のほか，払戻請求者が貯金本人ではないまたは払戻権限を有していないことを疑うべき言動や事情がないか注意深く確認し，少しでも疑問があった場合には，さらに本人確認を行うようにします。

　口座開設店以外の店舗での払戻しの注意事項については，一概に指摘することが難しいので，事務手続などに明記されていないのが通常です。そのため，質問の事例では功を奏さなかったようですが，日頃から勉強会などで，場面を想定して注意点などを確認しておくとよいでしょう。

●盗難通帳を用いた不正払戻しにかかる損失の補てんと免責約款

　　　　　　　個人が貯金者となっている貯金口座から盗難通帳を用いて不正な貯金払戻しが行われた場合は，一定の条件が満たされれば，原則として損失の全額を補てんすることが貯金規定に明記されています。このため，貯金払戻しの際の印鑑照合等の本人確認について，実務上の意義が薄くなったと

いう意見もあるようです。しかし，盗難通帳を用いた不正払戻しにかかる損失の補てんは，不正な貯金払戻しに対し金融機関が印鑑照合等を相当の注意をもって行うなど，適切に本人確認を行ったが不正を見抜けずに払戻しをしてしまった場合，つまり金融機関が免責約款や民法478条に定める債権の準占有者への弁済の規定により免責される場合において，一定の条件が満たされた場合に定められた範囲で行われるものです。貯金払戻しの際の本人確認とその免責約款とは効果も性質も異なるものですから，損失補てんの規定があるからといって，貯金払戻しの際の本人確認の意義は薄れたと考えてはならないと思います。

とくに質問の事例のように，同居の親族等が勝手に通帳や印鑑を持ち出した場合には，金融機関が善意・無過失の場合，貯金規定に定める盗難通帳による払戻し等にかかる規定には損失の補てんを行わないことが規定されています。この規定でいう「善意・無過失」の趣旨は，本人からの払戻請求でなかったことを知らずかつ知らなかったことについて過失がないことを指しますが，そのことは金融機関が免責約款や民法478条に定める債権の準占有者への弁済の規定により免責される場合と同じと考えてよいでしょう。したがって，質問の事例の場合，ＪＡが「善意・無過失」であれば，ＪＡの貯金払戻しは貯金規定の免責約款等により有効な払戻しとされ，盗難通帳による払戻しにかかる損失補てんも必要ないこととなります。

●貯金取引と貯金規定の免責約款

貯金取引は，ＪＡはじめ金融機関にとって多数の取引先を相手として日常頻繁に行う取引です。そのため，取引のつど貯金取引先本人からの申出であることを証明書類を用いて確認する取扱いとしていたのでは，金融機関はもちろん貯金者にとっても煩雑で耐えられないことでしょう。そこで，貯金規定には，「払戻請求書，諸届その他の書類

に使用された印影を届出の印鑑と相当の注意をもって照合し，相違ないものと認めて取扱いましたうえは，それらの書類につき偽造，変造その他の事故があってもそのために生じた損害については，当組合は責任を負いません」と定め（普通貯金規定9条），届出印と払戻請求書等の書面に押印された印影の印鑑照合によって本人確認を行うこととしたものです。とくに，貯金の払戻しの場合には，債権の準占有者への弁済（民法478条）の趣旨とも合わさって，「金融機関が相当の注意をもって届出の印鑑と払戻請求書に押印された印鑑を照合し同一と認めた場合は，他に特段の疑うべき事情が無い限り，その者を貯金者として行った払戻しは有効である」という解釈が判例上定着しています。

●口座開設店舗以外の店舗での貯金払戻しと注意義務

現在，ＪＡはじめほとんどの金融機関で，口座開設店舗以外の店舗の窓口で通帳と届出印を用いて払戻しができる扱いとなっています。ＪＡバンクでは，これを貯金ネットサービスと呼んで取り扱っています。

ＪＡバンクでは，口座開設店舗以外の店舗の窓口に貯金通帳と届出印を押印した払戻請求書を提出して貯金払戻請求を受けた場合には，印鑑照合システムによって印鑑照合を行い払戻しに対応する取扱いとしています。この場合でも，解説した「金融機関が相当の注意をもって届出の印鑑と払戻請求書に押印された印鑑を照合し同一と認めた場合は，他に特段の疑うべき事情が無い限り，その者を貯金者として行った払戻しは有効である」という注意義務の基準は変わらないと考えられています。

もっとも，最近の判例では，上記の基準の「他に特段の疑うべき事情」について非常に細かい点を指摘して印鑑照合以外の本人確認の方法でも確認すべきであったとして，金融機関の過失を認める事例が多

くみられるようになっています。この傾向は，口座開設店舗であるか否かにかかわらない傾向ですが，不正な払戻請求が口座開設店舗以外の店舗で行われることが多いといわれていることもあってか，判例で現れた事例には，口座開設店舗以外の店舗の窓口で貯金払戻しを行おうとしたケースが多いように思われます。このような傾向から，口座開設店舗以外の店舗の窓口での貯金払戻しの際の注意義務は，口座開設店舗の場合よりも加重されるという意見もあるようですが，必ずしもそうとはいえないと思います。基本的な考え方は同じであると考えてよいでしょう。ただ，日頃利用したことがない店舗や住所地から離れた遠隔地の店舗の窓口に来て手続をすること自体が異例であり，注意すべき事情にあたるということは多いと思います。

● 「他に特段の疑うべき事情」を列挙することの困難さと実務対応

窓口で貯金払戻しの依頼を受けた場合の本人確認の基本が印鑑照合であることは上述のとおりですが，例外的に「他に特段の疑うべき事情」がある場合には，さらに別の手段で本人確認を行わなければなりません。では，「他に特段の疑うべき事情」とは，どのような事情があるのでしょうか。この点については，ＪＡはじめほとんどの金融機関が用いている事務手続には明確な規定がおかれていないと思います。仮に何らかの記述があるとしても，「以下の事情がある場合にはとくに注意をし，必要に応じて他の本人確認の書面の提示を求めるなど慎重に本人確認を行うこと」というようなあいまいな表現にとどめていると思います。これは，たとえば「ネットサービスの場合には，印鑑照合のほか別の方法でも本人確認をすること」等の規定を事務手続に置いても，その時の事情によって，過剰な確認となり利用者との間でトラブルになりかねないという場合もあれば，不十分な場合もありうるからなのです。

それでは，実務の対応はどのようにすればよいのでしょうか。この

点，上述のとおり明確な公式を示すことが難しく，事務手続にも具体的な規定がおかれていないくらいですから，事務手続の細則のようなものを作るのは困難です。それよりも，どういう場合に注意すべきかどういう確認方法があるのか，などを勉強会などで日頃から話し合っておき，感覚を養っておくことが最も効果的なことだと思います。また，「おかしいな」と思ったときに自然に生年月日を聞いたり，運転免許証などの本人確認資料の提示を求めたりできるように，話法を練習しておくことも大切だと思います。

印鑑照合の方法，今昔

　金融機関で預貯金の払戻しの際に行う印鑑照合の方法については，最高裁の昭和46年6月10日の判決（金判267号7頁）で示された「折り重ねによる照合や拡大鏡等による照合をするまでの必要はなく，……肉眼によるいわゆる平面照合の方法をもつてすれば足りる」という考え方が基準となっていました。とはいえ，実務では，折り重ねによる方法もよく行われていましたし，お客さまにお願いして届出印と同じ印影をセロハン紙のような透ける紙に押印してもらい重ね合わせて照合するという方法を工夫していた金融機関もありました。

　最近では，印影をオンラインに登録し，請求書の印影とコンピュータで照合するシステムが普及しています。もっとも，印鑑照合システムで違うと判定されても再度肉眼で確認して同一と判断することもあるようで，結局，最後は人間の眼が頼りということに変わりはないようです。

43. 無通帳・無印鑑による便宜支払

質問

窓口に来店した方から、「いま手元に通帳も印鑑もないが、至急現金が必要になったので貯金を払い戻してほしい」との依頼を受けました。

親しい取引先でよく知っている人だし、とても急いでいるようなので応じてあげたいのですが、無通帳・無印鑑による便宜支払は事務手続にも定めがありません。

このような場合でも、無通帳・無印鑑による便宜支払をしてはいけないのでしょうか。

実務対応

来店者が、貯金者本人または正当な代理人であることがはっきりしている場合でも、無通帳・無印鑑の便宜支払は認められません。

事務手続でも、無通帳の便宜支払が認められているだけです。

無通帳・無印鑑の便宜支払は、災害時などの被災者に対するきわめて異例な取扱いと考えなくてはなりません。

解説

●通帳と印鑑照合は貯金者本人の確認のための方法

貯金は、債権者が特定されている指名債権ですから、債務者であるＪＡは、貯金をその債権者すなわち貯金者に払い戻す義務を負い、正当な理由なく債

権者以外の者に支払った場合には，法律的に免責されません。

　しかし，日常大量に生じる貯金取引のつど貯金者本人かを確認していたのでは，金融機関は大量の処理を取り扱えないし，貯金者も煩雑で耐えられないでしょう。

　そこで，金融機関は，貯金者に通帳（証書）を発行し，貯金者から取引印鑑の届出を受けて，取引は通帳と届出印の押印を受けた払戻請求書などの書面の提出を受け，押印された印影と届出された印影の一致を確認する方法で，貯金者本人からの取引依頼であることを確認する扱いとしました（普通貯金規定5条1項など）。

　このように，通帳・届出印の押印は，貯金者本人の確認のための1つの方法です。法理論上は，通帳や届出印の押印がなくても，真の貯金者に対する支払であれば有効で，ＪＡは債務弁済による免責を得られます。また，通帳と届出印の押印があっても，貯金者本人への払戻しでなければ，ＪＡは免責されないのが原則です。

●無通帳・無印鑑による便宜支払が禁止される理由

　上記の解説のとおり，貯金者本人からの払戻依頼にもとづき貯金者本人に貯金を払い戻せば，その貯金払戻しは有効なものといえるわけですから，通帳の提示や届出印による払戻請求書への押印は，法律上絶対に必要というわけではありません。通帳の確認と押印された印鑑を届出印と照合することは，貯金者本人からの依頼であることを確認するための方法の1つにすぎません。したがって，別の方法，たとえば運転免許証など写真付きの公的な身分証明書の提示を受けて確認する方法や質問の事例のように貯金者本人と面識があることで確認する方法によって，貯金者本人が窓口に来店して手続を行っていることを確認して取り扱うことも法律上は可能です。

　しかし，このような貯金者それぞれに合わせた個別の取扱いを一般に認めると，金融機関が画一的な事務処理ができなくなって日常大量

43. 無通帳・無印鑑による便宜支払

の事務処理を取り扱うことが難しくなり，事務の効率が落ちたり，場合によっては事務に混乱が生じたりしかねません。さらに，一般の利用者には通帳の提示と届出印との印鑑照合による貯金者本人の確認を原則としつつ，面識のある利用者や取引の深い利用者にだけ他の方法による本人確認の方法を認める扱いをすることは，利用者間の対応に差を設けることとなり，慎重に取り扱わないとトラブルの原因にもなりかねません。ＪＡバンクでは，無通帳・無印鑑による便宜支払を取り扱わないこととしていますが，その理由はこのような実務的な要請によるものです。なお，通常ＪＡが用いている事務手続では，通帳の提示のない貯金払戻しについて，便宜支払として役席者の承認によって取り扱うこととしています。

　なお，大規模な災害などごく例外的な場合には，無通帳・無印鑑でも一定の範囲で貯金の払戻しに応じることはありますが，これは大変例外的な特別な取扱いということができるでしょう。

44. 証書・届出印の所持人に対する定期貯金の中途解約

質問

来店者から定期貯金の中途解約を依頼され，役席者に検印を受けに行くと，「本人確認はしたのか」と質問されました。

定期貯金の証書の提出は受けており，印鑑照合をした結果も間違いはないのですが，中途解約の場合には，その他の方法でも本人確認をしなければいけませんか。

実務対応

定期貯金の中途解約は，満期後の解約や普通貯金の払戻しの場合と異なり，貯金者の申出に対しJAの判断で応じるものですから，中途解約の申出を拒むこともJAの自由ということになります。したがって，貯金者本人からの申出であるとの確信を得られなかった場合には，中途解約を拒むこともできます。

このため，定期貯金の中途解約の場合の貯金者本人の確認に求められる注意義務は，満期解約の場合などに比べて加重されているといわれています。定期貯金の中途解約の場合の注意事項は，満期後の解約などの場合の注意事項のほか，貯金者が中途解約する理由がやむをえないものであるかを確認すること，払戻請求書に届出の住所や電話番号，生年月日の記載をお願いし届出内容や本人確認資料と照合すること，運転免許証など公的な証明書の提示をお願いし本人確認をするこ

と，など厳密な本人確認を行い，少しでも疑いがある場合には，中途解約を拒絶します。

また，男性名義の定期貯金を女性が中途解約する場合や貯金者本人の年齢と窓口に手続に来た人の外見から判断される年齢が明らかに異なっているなど，貯金本人からの申出でないと思われる場合には，直接本人に電話等で確認するなどして，来店した人が本人から権限を与えられていることを確認する必要があるでしょう。

●貯金者と払戻請求者の同一性の確認がとくに重要

定期貯金は，満期日までは，貯金者が払戻しを請求しないことを約定して預け入れる貯金であり，ＪＡが期限の利益（民法136条1項）を有しており，貯金者の申出による中途解約は，ＪＡが期限の利益を放棄して払戻しに応じるものです（同条2項）。したがって，中途解約は貯金者が当然の権利として請求できるものではなく，ＪＡにはその依頼に応じる義務はありません。

しかし，解約の必要につき納得できる事情があれば，中途解約に応じるのが金融機関の一般的な対応です。また，ＪＡに払戻義務がない段階での払戻しである定期貯金の期限前払戻しについても，弁済者は民法478条により，債権の準占有者への弁済による免責を受けることができると解されています。

しかし，中途解約に応じる場合の金融機関の責任については，「期限前払戻請求をするやむをえない事情の聴取のほか，貯金者の同一性について十分調査確認すべきものといわなければならないから，……貯金者と払戻請求者との同一性の確認につき定期貯金の満期における払戻請求や普通貯金の払戻請求の場合に比して，より加重された注意義務を負うものというべきである」（大阪高裁昭和53年11月29日判

第4章　貯金の解約・払戻し・消滅時効

決（金判568号13頁））とされ，上告審（最高裁昭和54年9月25日判決（金判585号3頁））でも全面的に支持されています。

●中途解約に応じる場合の必要手続

　定期貯金の中途解約においては，中途解約をする理由がやむをえないものかを確認するほか，貯金者と払戻請求者の同一性に疑念を抱かせる特段の不審事由が存在しない限り，貯金証書と届出印の所持の確認，事故届の有無の確認，中途解約理由の聴取，払戻請求書と届出印鑑記載の住所・氏名および印影の同一性を調査確認することをもって足ります。

　しかし，上述のとおり，定期貯金の中途解約の場合にはＪＡが任意で応じるわけですから，これらの諸点につき十分な確認手続を行い，慎重に取り扱うことが必要です。また，少しでも疑いがあれば，公的証明書の提示を求めるなどします。

　とくに，性別や年齢からみて明らかに本人からの申出でない場合には，ＪＡから本人に連絡するなどして，来店者が本人から権限を与えられた者であることを慎重に確認するようにします。

45. 互いに貯金者と主張する夫婦の一方からの解約請求

質問

Aさんが，最近離婚した妻のBさん名義の定期貯金証書を持参し，「この定期貯金は実際は私のものだが，取引印は妻が持ち去ってしまった」といって払戻しを請求してきました。

実は，その直前Bさんから電話で，同じ貯金について「取引印は持っているが証書は夫（Aさん）が渡してくれない。しかし，貯金は当然私のものだから，払い戻してほしい」と申出があったばかりでした。

貯金係はどう取り扱ったらよいでしょうか。

実務対応

AさんとBさんの双方が自分の貯金だと主張しているのですから，どちらが真の貯金者か貯金係には判断できませんし，また安易に判断すべきでもありません。仮にどちらか一方が証書と取引印を揃えて持参しても，貯金係が事情を知った以上，当然には払戻しに応じるべきではありません。もちろん，証書または印鑑の紛失届も受理できません。

AさんとBさん両者の合意のうえで手続の依頼があった場合にのみ，払戻しを行うこととします。

なお，Aさん，Bさんが互いに譲らず払戻しを請求する場合は，JAは，元利金を供託所（法務局）に債務者が確認できないことを理由に供託すること（民法494条後段）も検討します。

第4章　貯金の解約・払戻し・消滅時効

●貯金は貯金者本人に払い戻さなければならない

　貯金は，貯金を預けた貯金者本人に対して払い戻さなければなりません。しかし，ＪＡなど金融機関では，多くの貯金者から貯金を預かり日常頻繁に払戻しの事務を処理しなければならないことから，貯金者本人からの依頼であることをいかに効率的に確認するかが事務上の課題ということになります。この点を工夫し金融慣行とまでなっているのが，口座開設時に開設者に通帳等を交付するとともに印鑑の届出を受けておき，払戻しの際は通帳等の提示と届出した印鑑を押印した払戻請求書の提出を受け，届出印と印鑑照合を行う方法です。通帳等と印鑑照合による本人確認の方法は，貯金規定の免責約款や民法478条に定める債権の準占有者への弁済の規定などによる本人確認における金融機関の免責の仕組みが確立されていることもあり，金融機関の事務の効率化に大きく貢献しています。さらに，通帳と印鑑を代理人に渡して手続を依頼すれば，貯金者本人が店頭に行かなくても払戻しができるなど，貯金者にとっても利便性の高い仕組みとして広く受け入れられています。

　しかし，この通帳等と印鑑照合による本人確認は，いろいろ考えられる本人確認方法の１つであり，また，生体認証などのように本人であることを確実に証明する方法でもありません。また，質問の事例のように貯金名義人ではないＡさんから「貯金名義はＢであるが実は私の貯金だ」という申出があった場合にも，この方法だけでは貯金者本人の確認はできないことになります。

●貯金名義人と異なる貯金者が生じる場合

　かつては無記名式定期貯金も取り扱われていたため，誰が貯金者かということが問題となりやすく，無記名式定期貯金に関する多くの裁判例もあり，金融法務の重要な課題として検討されました。そのなか

から，自ら資金を出して，自己の貯金とする意思で，自らまたは使者・代理人を通じて貯金契約をした者が貯金者であるとする客観説，預入行為者が他人のための貯金であることを表示しない限り，その者の貯金とみる主観説，原則として客観説に立ちながら例外的に預入行為者が自己を貯金者であると表示した場合には，預入行為者が貯金者になるとする折衷説の3つの考え方が主張されました。判例は，定期貯金について客観説をとっているといわれています。この考え方は，現在一般に取り扱われている記名式定期貯金についても維持されているといわれています（最高裁昭和52年8月9日判決（金判532号6頁））。なお，判例が採用している客観説は，単に貯金の資金を出した者，さらには，その金銭が元をたどれば誰の資金かによって貯金者を決めようとするものではないといわれています。また，普通貯金については，判例は明確な基準を示していないといわれています。

　誰が真実の貯金者かということが問題となるトラブルは，無記名式定期貯金の取扱いがなくなってからも，仮名貯金口座や借名貯金口座であることが後日判明した場合などに起こることがありました。しかし，今日のように犯罪収益移転防止法にもとづく本人確認が厳密に行われるようになってからは，ほとんど起こらなくなるだろうと思います。しかし，今後も，質問の事例のように夫婦や親子間の財産関係を巡っては生じることが予想されます。

●質問の事例の背景

　質問の事例では，AさんとBさんは元々夫婦で婚姻関係にありましたから，その財産のなかには家計に組み入れられ夫婦のどちらに帰属するか明確でない部分もあったはずです。このような財産は，夫婦の共有と推定されます（民法762条2項）。質問の事例の定期貯金も，おそらく夫婦の家計から預け入れされた夫婦の共有財産としての定期貯金で，夫婦の暗黙の了解のもとで便宜上Bさんの名義で貯金された

ものと思われます。このような定期貯金は，通常の夫婦ではごく一般的だと思われますし，このような定期貯金を受け入れたＪＡの処理はとくに問題となるものではないと思います。しかし，夫婦関係が破たんし離婚に至ると，夫婦財産を清算し夫婦のそれぞれに分割する必要が生じます。それが財産分与（民法 768 条）ですが，この事例の場合，この定期貯金の財産分与での取扱いを巡って両者で話合いがつかない状態となっているのでしょう。そのため，名義人のＢさんの貯金としてＪＡが扱ってしまうことを妨げるため，Ａさんは，ＪＡにＢさん名義だが自分のものであるといってきたのでしょうし，Ｂさんは，財産分与の対象として扱うことを主張するために取引印を渡さずに保管しているのでしょう。この定期貯金はこのような経緯から貯金者が誰か不明確になったものと思われます。

　このような場合，この定期貯金の取扱いは上記の貯金者の認定の理論にあてはめて判断することもできません。夫婦財産の清算（財産分与）の問題として，ＡさんとＢさんの間で決めてもらう以外にありません。ＡさんとＢさんで取扱いが決まれば，Ａさん・Ｂさん両名から依頼書（ＡさんとＢさんは離婚しているので，同一内容の依頼書を別々に提出してもらうことになるでしょう）の提出を受け，ＪＡはそれに従って処理することになります。それまでは，ＪＡとしてもＡさん・Ｂさんのどちらか一方からの申出に応じて払戻し等を行うことはできません。

　なお，Ａさん・Ｂさん両名から払戻しの請求を受けた場合には，債権者が確認できないこと（債権者不確知）を理由に供託すること（民法 494 条後段）を検討します。供託所では供託理由があるかを審査しますので，債権者を確定できない事情を整理して供託所によく説明し，債権者が確知できない事情を理解してもらう必要があるでしょう。

46. 誤振込による貯金の成否と口座名義人に対する払戻し

質問

ＪＡは，Ａさんを受取人とするＢさんからの振込金をＡさん名義の普通貯金口座に入金記帳したところ，仕向銀行から，Ｂさんの錯誤による誤振込につき組み戻してほしいとの依頼を受けました。しかし，Ａさんは不在で連絡がとれないため，仕向銀行に組戻しに応じられない旨を回答しました。数日後Ａさんが来店して，普通貯金口座の解約，貯金残高の払戻請求がありましたが，担当者は，Ｂさんからの振込につき組戻依頼があったことを告げることを失念し，請求に応じて貯金残高全額をＡさんに払い戻してしまいました。

これを知ったＢさんから，Ａさんは誤振込金相当額を不当利得し，ＪＡは事情を知ってこれに加担した責任があると強く主張されました。

ＪＡには，Ｂさんに対する誤振込金相当額の返還義務があるのでしょうか。

実務対応

ＪＡは，組戻依頼によってＡさんに対し貯金口座への誤振込による入金の取消しに応じるように求め，Ａさんの承諾を得ることに努める義務を負っていたと考えられます。それにもかかわらず，Ａさんに対し組戻依頼があったことを告げることを失念したわけですから，何らかの法的な責

任を負うと考えるべきでしょう。

質問の事例の場合，すでにＡさんが誤振込金相当額を受け取ってしまっていますが，ＪＡとしては，ただちにＡさんに連絡をとり，誤った振込依頼を理由としてＢさんが組戻依頼を行ってきたことを伝え，その点を告げることなく貯金払戻しに応じてしまったことを謝罪したうえで，返金に応じるように説得すべきでしょう。

もし，返金に応じた場合には，組戻依頼に応じて仕向銀行に返金する扱いをすることになるでしょう。また，返金に応じない場合には，Ｂさんから不当利得返還を求められることになるだろうことを伝えて，Ｂさんと誠実に話し合うように求めることになるでしょう。

●誤振込による貯金の成立と組戻し

(1) 振込原因の有無と貯金の成立

解説 最高裁平成8年4月26日第二小法廷判決（金判995号3頁）は，普通貯金口座に振込があった場合においては，振込依頼人と受取人との間に振込の原因となる法律関係が存在するか否かにかかわらず，受取人とＪＡとの間に振込金額相当の普通貯金契約が成立し，受取人がＪＡに対して振込金額相当の普通貯金債権を取得するとしています。

(2) 振込と組戻し

振込は，振込依頼人が，仕向銀行に対して仕向銀行と被仕向銀行との間の（受取人の預金口座に入金するための）為替取引を委任（準委任）する契約であり，委任契約はいつでも解約できることから（民法651条），振込依頼人は，振込金が受取人の貯金口座に入金記帳され振込が完了するまではいつでも契約を解除し，被仕向銀行から仕向銀行に振込金の送金（返還）手続（いわゆる組戻し）をすることができます。しかし，すでに受取人の貯金口座に振込金が入金記帳されてい

46. 誤振込による貯金の成否と口座名義人に対する払戻し

る場合には，振込という委任事務が完了しているので，委任の解除としての組戻しは，できないことになります。

(3) 振込による入金記帳（貯金成立）後の組戻し

振込にもとづく入金記帳が完了している場合には，振込の委任契約は終了しており，その振込に対する組戻依頼は，仕向銀行から被仕向銀行に対し，振込の受取人の承認を得て受取口座への入金を取り消して返金を委託する新たな委任契約であると考えられます。したがって，組戻依頼を受けたＪＡが，振込にもとづく受取口座への入金の状況を調査し，入金済みであることを確認した場合には，ただちに受取人に連絡をとり，誤振込によって入金記帳がなされたことと組戻依頼がきているので入金の取消しを承諾するように求める為替取引上の義務があると考えられます。振込にもとづく入金記帳後の組戻依頼に対し被仕向銀行は応じる義務がないという説明がよくなされますが，これは受取人の入金取消しの承諾が得られなかった場合のことを指しているのであって，受取人が入金取消しを承諾している場合はもちろん，受取人と連絡をとることなく組戻依頼を拒絶することは許されないと考えるべきでしょう。

その結果，入金取消しの承諾が得られれば，仕向銀行に対し組戻しの承諾を通知して組戻しの事務処理を進めます。また，入金取消しの承諾が得られなかった場合には，組戻依頼を拒絶する旨を仕向銀行に通知します。なお，入金取消しを承諾しなかった受取人に対しては，今後振込依頼人から不当利得の返還を求めてくる可能性があることなどを伝え，振込依頼人と誠実に話し合うようにアドバイスします。また，誤振込によって入金された貯金の払戻しを求められた場合には，誤振込があったことを金融機関に黙って貯金を払い戻したことが詐欺罪に問われたことがあること（最高裁平成15年3月12日決定（金法1697号49頁））などを挙げて思いとどまるように説得すべきでしょ

う。ただし，誤振込による入金分の払戻しを受けることについて，「詐欺罪等の犯行の一環を成す場合であるなど，これを認めることが著しく正義に反するような特段の事情があるときは，権利の濫用に当たるとしても，受取人が振込依頼人に対して不当利得返還義務を負担しているというだけでは，権利の濫用に当たるということはできない」（最高裁平成20年10月10日判決（金判1302号12頁））とされており，受取人の納得を得られず払戻しを求められた場合には，犯罪等に関係するなど特別な場合を除いて応ぜざるをえないでしょう。

なお，組戻依頼はないが受取人から振込入金に心当たりがない旨の申出があった場合には，振込の入金処理に誤りがないかを確認し，誤りがなければ，受取人の了解を得て，仕向銀行に対し振込入金について受取人には入金の心当たりがない旨を伝え調査を依頼します。このような連絡を受けた仕向銀行は，振込通知の発信に誤りがないかを調査するほか，振込依頼人に事情を説明して調査を依頼するなど，振込に誤りがないかが精査されることが期待されます。

●質問の事例の検討

質問の事例については，何点か検討を要する事項が含まれています。ここでは事例に則して解説します。

(1) Ａさんに連絡がとれないことを理由に組戻依頼に応じられないと回答したこと

この回答が組戻依頼に対する最終的な回答ということであれば，この時点で組戻依頼によって生じた委任関係は終了します。その結果，Ａさんの貯金口座へのＢさんの誤振込による入金もそのまま有効な入金として扱えばよいことになります。しかし，この事例では，Ａさんに組戻しがあった旨の連絡をしたものの一時的な不在でＡさんに連絡がとれなかっただけですから，解説した組戻しの法律関係を前提に考えると，ＪＡとしてはＡさんに受取口座への入金の取消しの承諾を得

るべく必要な努力を行ったとはいえないでしょう。この回答は、「今は受取人と連絡がとれないので、諾否の回答を留保する」趣旨と考えるべきでしょう。

したがって、ＪＡは引き続き組戻依頼にもとづく受任者として、受取人のＡさんから受取口座入金の取消しの承諾を得る努力を続ける必要があると考えられます。

(2) **Ａさんが貯金払戻しを依頼した際に組戻依頼があることを告げなかったこと**

Ａさんが貯金の払戻しに来店した際、ＪＡは組戻依頼があったことを失念して何も告げずに依頼に応じ、誤振込による入金分も含めて払い戻してしまったわけですが、Ａさんに組戻依頼があったことを告げなかったことの責任をＪＡが負うかが問題となります。この点、解説したように、ＪＡが組戻依頼にもとづき受取人のＡさんから誤振込にもとづく入金の取消しの承諾を得る努力をする義務を負っており、その関係はこの時点でも終了していないと考えられますので、組戻しにかかる委任契約の義務に違反していると考えられます。ＪＡが委任を受けた直接の委託者は仕向銀行ということになりますから、ＪＡは仕向銀行に対し直接義務違反の責任を負うことになります。さらに、ＪＡは組戻依頼人であるＢさんとの関係でも責任を負うかが問題となりますが、Ｂさんは仕向銀行に組戻しを委任し、仕向銀行はＪＡに委任した関係にあり、このような関係を復委任といいますが、この場合は、復受任者のＪＡも当初の委任者のＢさんに直接責任を負うと考えられています（民法107条2項）。

もっとも、ＪＡがＢさんに対し責任を負うとしても、ＪＡがＢさんに対し誤振込金相当額の返還義務を負うとは考えられず、賠償額はそれよりも相当減額された額となるでしょう。

第4章　貯金の解約・払戻し・消滅時効

(3)　ＪＡがとるべき善後策

　質問の事例でＪＡがとるべき善後策としては，実務対応のところで解説したとおりです。組戻依頼にもとづくＪＡの受任者としての義務は，貯金払戻し後も継続していると考え，Ａさんには誤振込金額相当額の返金をお願いします。ただし，ＪＡには返金を請求する権利はありませんので，あくまでお願いの話です。Ａさんの了解が得られて返金された場合には，組戻しの事務手続に従って仕向銀行に返金することになります。また，Ａさんの承諾を得られなかった場合には，Ｂさんと誠意をもって対応するように説明することになります。

民事上の考え方と刑事上の考え方──

　誤振込による貯金の民事上の法律関係について判例は，民事上は誤振込であっても入金記帳されれば貯金は有効に成立し，その払戻しもそれが詐欺罪の一環を成すなどの著しく正義に反するような特段の事情がない限り，権利の濫用にあたらない，としています。一方で，刑事裁判では，誤振込であることを知りながらそれを金融機関に秘して払戻請求する行為は詐欺罪に該当する，という判例があります。この２つの判断は，相互に矛盾しているように思われます。このため実際の場面で，誤振込によって成立した貯金の払戻請求があったときに，その取扱いに悩むことになります。

　しかし，刑事上の判断と民事上の判断が相矛盾する事例は，これに限らずいくつもありますし，刑法の考え方と民法の考え方ではその法律の目的や判断の基準が異なるため矛盾することもありうるというのが，法律の世界の考え方なのです。ただ，法律の世界で生きる者には当たり前のことでも，一般の人にはなかなか理解しにくいことだろうと思います。

47. 貯金者の家族からの
定期貯金の中途解約の依頼

質問

貯金者の妻が来店し，「緊急入院した夫の入院費用にあてるため」といって，定期貯金の解約の依頼を受けました。

貯金者の意思確認をしなければ解約できない旨伝えると，今は，それができる病状ではないといいます。

状況を察すれば解約に応じたいところですが，承諾してよいものでしょうか。

実務対応

貯金の払戻しや解約は，貯金者本人の意思にもとづき貯金者本人に対して行うのが原則です。質問の事例のように貯金者本人の意思が確認できない場合には，家族からの依頼であっても貯金の払戻しや解約に応じることはできません。このような場合には，貯金の払戻しや解約の依頼を謝絶したうえで，成年後見制度等の利用を勧めることになります。

もっとも，貯金者の配偶者が夫婦の日常家事の範囲内の行為として行う場合には，夫婦は相互に他の配偶者を代理する権限を有している（民法761条）ので，その範囲では貯金の払戻しや解約も可能です。質問の事例では，急病の夫の医療費支払のために妻が夫名義の定期貯金の中途解約を依頼してきた事案ですから，解約する定期貯金の金額が当面の医療費として相当であれば日常家事の範囲と考えられますの

で，妻が夫を代理して中途解約の依頼を行っていると考えて対応することができるでしょう。

なお，妻が上記事情を偽って遊興費などに充てるために定期貯金を解約した場合には，正当な代理行為とはなりません。しかし，行為の相手方が日常家事の範囲内であると信じるにつき正当な理由がある場合には，民法110条の表見代理の規定を類推適用されるとされていますので，JAとしては，医療費に用いられることを請求書などで確認したり，実際にJAから病院の口座に振込によって支払ってもらったりするなどして，医療費に用いられることを確認するようにすべきでしょう。

●日常家事の範囲内の行為であれば夫婦は互いに代理権を持つ

解説 貯金債権は指名債権であるため，原則として貯金者以外の者に支払ってもその支払は無効です。しかし，もし妻が，夫である貯金者に代わって貯金を払い戻す代理権を有しているときは，払戻しは当然有効となります。

民法（761条）は，日常家事に関する債務については夫婦が連帯して責任を負担するものと規定しています。そして，判例は，この連帯責任の前提として，「夫婦が相互に日常の家事に関する法律行為につき，他方を代理する権限を有することをも規定しているものと解すべきである」として，相互に法律上の代理権があると解しており（最高裁昭和44年12月18日判決（判タ243号195頁）），通説ともなっています。

したがって，妻がJAに対して行った定期貯金の中途解約の依頼という行為が夫婦の日常家事の範囲内であれば，当然に夫を代理する権限があり，その行為の結果は当然に夫に帰属すると考えることができ，有効に定期貯金の中途解約ができることになります。

●家族の入院治療費等は日常家事の範囲に含まれる

　日常家事の範囲は，その夫婦の社会的地位・職業・資産・収入によって個別的に決定され，さらにはその夫婦が属する地域社会の慣行等によって画されるもので，一律に決せられるものではありません。

　しかし，夫婦とその家族の保健や医療のために負担した債務が，日常家事債務とされることには異論はなく，また，これらの債務を弁済するために借財をし，財産を処分することも日常家事に含まれると解されています。

　すなわち，夫の入院治療費は日常家事債務であり，その弁済には妻も夫と連帯責任を負うとともに，その支払に必要な金額の範囲内で妻が夫の貯金を払い戻す行為も，日常家事としての正当な代理権の行使と認めることができます。

●妻が資金使途を偽った場合の法律関係とＪＡの対応

　以上のとおり，質問の事例で急病の夫に代わり妻が入院費用等の支払に充てるために支払額相当の夫名義の定期貯金を中途解約する行為は，日常家事の範囲内の行為であり，妻が夫を代理して有効に行うことができることになります。しかし，妻がＪＡに偽って解約金を遊興費に使用してしまった場合には，日常家事の範囲内の行為とはいえず，妻の代理権限の範囲外の行為であり，無権代理となってしまいます。その結果，そのような妻の行為の効果は，夫に帰属することがないのが原則ということになります。

　ところで，代理人が権限を越えて行為をした場合に，取引の相手方を保護する制度として表見代理の制度があります（民法110条）。この場合にも，この規定の適用がないのでしょうか。この点，取引の相手方がその行為がその夫婦の日常家事に関する法律行為に属すると信じるにつき正当な理由があるときに限り，民法110条の趣旨を類推して取引の相手方の保護を図るべきであるとするのが判例です（前掲最

高裁昭和44年12月18日判決）。

　したがって，質問の事例のような場合には，ＪＡは，妻が定期貯金の中途解約金を医療費等に充てることを，請求書や領収書を確認したり病院への支払をＪＡからの振込によって支払ってもらったりするなどして，妻が確実に医療費等に充てていることを確認することによって，日常家事の範囲に関する行為であると信じるについて正当な理由があることを主張できるようにしておくことが大切になってきます。

48. 死亡した貯金者の葬儀費用のための払戻し

質問

取引先のAさんが死亡しましたが、長男でAさんと同居していたBさんが、Aさん名義の普通貯金通帳と取引印を持参し「葬式費用の支払にあてるため、あらかじめ現金を用意しておきたい」と貯金の払戻しを請求してきました。

AさんにはBさん以外にも相続人がいますが、遠隔地に住んでいるため、すぐには全員の署名・押印が得られないとのことです。

この払戻請求に応じてもさしつかえないでしょうか。

実務対応

従来から、葬儀費用に充てるための相続貯金の払戻しについて特別に取り扱うことができるとする考え方が、金融実務では一般的でした。しかし、最近では、そのような特別扱いをすることができるとする法的な根拠はないという意見が主流となっていると思います。おそらく、このような取扱いは、遺族など葬儀を主催する人たちのために金融機関が特別に便宜を図っていたというのが実情だったのではないでしょうか。

もっとも、葬儀費用は死亡直後に緊急に支払を要する費用であり、貯金者が自分の葬儀の費用に使ってもらおうと預けている場合も多いことも事実です。そのため、金融機関が特別に便宜を図って迅速な対応を工夫することも多いようです。ＪＡが通常用いている事務手続で

も，葬儀費用に用いる旨を明記した払戻依頼書にできるだけ多くの相続人から署名を受け，署名した相続人の法定相続分の範囲で払戻しを認める取扱いが定められています。

●葬儀費用に充てるための相続貯金の払戻しの特別扱いについて

解説 金融実務では，従来から葬儀費用に充てるために相続貯金を払い戻すことについて，特別に便宜を図ってきています。また，この取扱いは，葬儀費用が民法上の一般の先取特権（民法306条3号・309条）とされていることに根拠があるといわれていました。また，遺産分割の際に，一部の相続人が相続貯金から支出した葬儀費用をそれらの相続人の相続分から控除するのではなく，相続財産全体の負担として遺産分割の対象となる相続財産から控除する取扱いをすることがあることなども，念頭にあるのかもしれません。

しかし，葬儀費用の先取特権は，葬儀社が葬儀を依頼した人（通常は「喪主」）に対して有する葬儀費用請求権を保全するために，相続財産または葬儀依頼人の財産に一般の先取特権を有する旨を定めた規定であり，相続人の一部の人が葬儀費用に支出するために相続貯金を払い戻す権限を有する根拠につながる制度とはいえません。また，遺産分割協議のなかでの葬儀費用の取扱いは，相続人等の協議によって任意に決められる事項ですから，これも特別な取扱いの根拠にはなりません。このように考えてくると，葬儀費用に充てるための相続貯金の払戻しを通常の相続貯金の取扱いと区別して特別に扱う法的な根拠はないといってよいでしょう。

もっとも，自分の葬式代は自分で負担したいと考えて貯金をしている人も多いといわれています。また，急なことで故人にふさわしい葬儀を行う資金の工面が付かない相続人にとって，相続貯金で葬儀費用

を賄いたいと考えるのも無理からぬことだと思います。一方で、葬儀費用の支払までに相続貯金の相続の手続をとることは困難です。葬儀費用の支払のための相続貯金の払戻しについて金融機関が特別な取扱いをしているのは、このような事情を考慮し、相続人等に配慮して金融機関が便宜を図っているというのが実態でしょう。

●葬儀費用の支払のための相続貯金払戻しの手続

　解説したように、葬儀費用の支払のための相続貯金の払戻しの手続については、金融機関が相続人等の危急の事態にどのように便宜を図るかという営業上のサービスの問題として考えることになります。もっとも、便宜を図りすぎてＪＡが大きなリスクを抱えたり、不正な払戻しを助長したりするようなことにならないようにしなければなりません。

　ＪＡが通常用いている事務手続では、相続人から後添の「葬儀費用払戻依頼書」の提出を受け、依頼書に署名押印した相続人の相続分の割合の範囲内で、相続貯金の払戻しを認める扱いとしています。なお、葬儀費用に充てることの確認は、葬儀費用の請求書の提示を受けるか、その地域の葬儀費用として相当の金額の範囲であることを確認するだけでよいとされています。この取扱いは、遺産分割協議が当面整わないと見込まれる場合には、各相続人は相続貯金についてその法定相続分の割合の額の払戻請求ができるとする判例の考え方にも沿う取扱いです（詳しくは、「50. 遺産分割前の共同相続人の１人からの払戻請求」を参照）。ただ、比較してみると判りますが、他の相続人への照会等の手続を略して対応する扱いとなっており、時間的には大幅に短縮して対応できる事務手続となっています。

第4章　貯金の解約・払戻し・消滅時効

◎葬儀費用払戻依頼書

葬儀費用払戻依頼書

年　月　日

農業協同組合　御中

被相続人	おところ
	おなまえ
	年　月　日死亡

相続関係者	相続人 おところ おなまえ（実印）	相続人 おところ おなまえ（実印）
	相続人 おところ おなまえ（実印）	相続人 おところ おなまえ（実印）
	相続人 おところ おなまえ（実印）	相続人 おところ おなまえ（実印）

　過日死亡いたしました上記被相続人の葬儀費用に充てるため＿＿＿＿＿貯金（口座番号＿＿＿＿＿）から金＿＿＿＿＿円を（振込みの場合は、この金額とは別に振込手数料を引落しのうえ）お支払い（現金払い・振込み）くださいますよう依頼いたします。
　また、本払戻しにかかる一切の権限を＿＿＿＿＿＿＿＿＿＿に委任しますので、同人の指示により処理していただきたく、重ねて依頼いたします。
　本来であれば、払戻しは正式の相続手続によるところですが、時間的なこともあり本件葬儀費用に限りお願いいたします。
　なお、本件について、今後いかなる事態が生じましても貴組合の責に帰すべき場合を除き、私（私ども）が責任を負い、貴組合にはいささかもご迷惑をおかけすることはいたしません。

記

1　葬儀費用の振込先

金融機関名		支店名	
貯金種類		受取人	
口座番号		金額	円

2　定期貯金等解約時の残金金の取扱い
　被相続人名義の＿＿＿＿＿貯金（口座番号＿＿＿＿＿＿＿＿）へ入金してください。

3　通帳・証書等の喪失
　私（私ども）は、下記の通帳・証書・キャッシュカード等を喪失のため提出できませんので、貴組合所定の手続によりお取り扱いください。
　なお、下記物件が発見された場合は、ただちに貴組合へ提出するものとし、本取扱いについては貴組合にはいささかもご迷惑をおかけいたしません。

貯金種類等	口座番号等	喪失物（該当を○で囲んでください。）
		カード（本人・代理人）・通帳・証書・その他（　）
		カード（本人・代理人）・通帳・証書・その他（　）
		カード（本人・代理人）・通帳・証書・その他（　）

（注）　1　当組合と貯金取引がある場合は、実印に代えてお届け印によることができます。
　　　　2　必要添付書類については、窓口にお問い合わせください。

以　上

49. 個人商店の営業主の死亡と経理担当者の貯金取引代理権

質問

ＪＡの普通貯金取引先甲商店は，Ａさんが営業主の個人商店（小売店）ですが，ＪＡとの貯金取引は，経理担当者Ｂさんに任せていました。最近Ａさんが死亡し，組合長，支店長らが葬儀に参列しましたが，ＪＡにＡさんの死亡届が提出されたのはずっと後のことでした。しかし，それまでの間もＢさんからは数回にわたり貯金の払戻請求があり，ＪＡは，そのつど従来と同様Ａさん名義の普通貯金通帳と届出印の提出を受け，払戻しに応じていました。ところが，後日，Ａさんの相続人から，ＢさんがＡさんの貯金を横領して失踪したが，ＪＡはＢさんの無権限を知っており払戻しは無効であるから，支払った全額を返還されたいとの申出を受けました。

ＪＡは，Ａさん死亡後のＢさんに対する払戻しが有効と主張することはできないのでしょうか。

実務対応

質問の事例では，個人商店である甲商店の営業主であるＡさんの死亡により，Ａさんから甲商店の貯金取引についての代理権を与えられていた，甲商店の経理担当Ｂさんの代理権が失われるか，が中心の論点となります。民法では，代理権は本人が死亡したときに消滅します（民法111条1項1号）。しかし，代理権付与の原因となった委任行為が商行為で

ある場合には，その代理権は本人死亡により消滅しないという特例が商法にあります（商法506条）。

質問の事例の場合，ＪＡは貯金の返還を求めるＡさんの相続人に対し上記の商法506条の適用によりＢさんの代理権は消滅しておらず，Ｂさんが代理人として行った貯金払戻しは有効であると主張することになります。なお，Ａさんの相続人は，ＪＡがＡさんの死亡を知っているのだから商法506条の適用はない，あるいは払い戻した貯金はＢさんが横領してしまったのでＢさんの貯金払戻しは本人のためにした行為とはいえず，代理権限外の行為であるという反論が予想されますが，いずれも認められないでしょう。

●相続開始を知った時の措置

貯金者の死亡によってただちに相続が開始され（民法882条），貯金も相続財産の一部として相続人が承継することになります（同法896条）。しかし，ＪＡに預けられた貯金を具体的に誰がどのように承継するかは相続人等の遺産分割協議等によって定まることになりますから，承継方法が決まるまでＪＡは相続の事務手続に従って取り扱わなければならず，通常の貯金取引の取扱いは留保する必要があります。相続は，貯金者の死亡についてＪＡが知っているか否かにかかわらずただちに開始されますから，ＪＡに正式な相続届の提出はなされていなくても，どのような形であれＪＡが貯金者の死亡を知った場合には，ただちに相続の事故・注意情報の登録を行い，相続人等に事実関係の確認を行うなど相続の事務手続に定められた対応を行う必要があります。

質問の事例でも，組合長や支店長がＡさんの葬儀に参列しており，ＪＡがＡさんの死亡を知っているわけですから，相続の事務手続に従った対応が必要になったはずです。もし，相続の事務手続に従った

49. 個人商店の営業主の死亡と経理担当者の貯金取引代理権

対応をしていたら，Ｂさんが甲商店Ａさんの代理人として貯金の払戻しに来店した際にも慎重に対応していただろうと思います。

●本人が死亡した場合の代理人の地位

　Ｂさんは，甲商店の経理担当としてＡさんの代理人として，ＪＡでＡさんのために貯金取引を行う権限を付与されていました。しかし，Ａさんが死亡したことにより，Ｂさんの代理権はどのようになるのでしょうか。この点，民法では，本人の死亡により代理権は消滅すると規定されています（民法111条1項1号）。この規定については，代理という制度が代理人と本人との間の信頼関係を前提とした制度で，本人が死亡したことによってその前提が失われること，本人の相続人と代理人との間に同様の信頼関係があるとは限らないことが理由に挙げられています。これに対して，商法には，その特例が定められており，商行為による委任による代理権は，本人の死亡によっては消滅しないと規定されています（商法506条）。商人の代理の場合，営業主本人の個人的な信頼関係を背景にするというよりも，営業主個人を離れより客観的な営業体である商人との信頼関係を基礎に置くことからとされています。また，営業主である商人が死亡しても，その営業が当然に廃止されるわけではないのに，民法の原則を適用して本人の死亡により代理人の代理権がすべて消滅するとすると，あらためてその継承人からの授権行為を必要とすることになりますが，これでは継続的で敏速な企業活動が阻害される不都合がある一方，取引の相手方にとっても，商人本人が誰であるかというよりは商人の営業に重きをおいて取引を行っているのが通例であるのに，営業主である商人本人の死亡という偶然かつ外部の者には容易には知りえない事柄によって代理人の代理権が左右されるとするのでは，取引の安全が著しく妨げられることから，企業の便宜と取引の安全のために民法の特則が設けられた趣旨とされています。なお，商法506条にある「商行為の委任に

223

よる代理権」とは，商行為である授権行為により生じた代理権と解されています。

　もっとも，民法111条1項1号の規定も商法506条の規定も任意規定と考えられており，委任契約等で特約を設け，これらの規定と異なる扱いとすることも可能です。

●質問の事例の場合の代理権の帰趨

　質問の事例について，商法506条の適用があるのでしょうか。甲商店は，小売店ということですが，小売業は利益を得て譲渡することを目的に商品を仕入れ，これを販売することを主目的とする営業です。この行為は，商法501条1号に定める絶対的商行為に該当します。さらに，自己の名をもって商行為をすることを業とする者を商人といいますから（同法4条），甲商店は商人ということになります。商人が営業のために行う行為は，商法503条により商行為（付属的商行為）となりますが，甲商店の営業主であるAさんが甲商店の経理担当であるBさんに甲商店とJAの貯金取引について代理人とした行為は，甲商店の営業のために行った行為ですから，商行為となります。このように，Bさんの貯金取引の代理権はAさんの商行為によって付与されたものですから，商法506条に定める「商行為の委任による代理権」に該当し，とくにその適用を排除する特約もないので，同条が適用され，Aさんが死亡してもBさんの代理権が消滅することはありません。

●Aさんの相続人から主張されることが予想される反論

　JAは，上述のとおり商法506条の適用がありAさんが死亡してもBさんの代理権は失われず，Bさんが代理して行った貯金の払戻しは有効であると主張することになります。これに対して，Aさんの相続人から予想される反論は，2つ考えられます。1つは，JAはAさんの死亡の事実を認識しており，民法の原則どおりBさんの代理権を消滅させても取引の安全を害することにはならず，また，甲商店の営業

を承継した相続人にとっても不都合はないので，商法506条を適用する必要はないという主張です。しかし，この主張は認められないでしょう。商法506条には，相手方が本人死亡の事実を知らない場合にだけ適用される旨の文言はなく，また，死亡した商人の相続人の都合によって結論を左右させる扱いでは，それこそ取引の安全が害されてしまいます。もう1つの反論は，Bさんが払い戻した貯金を横領したことから，BさんはAさんの「ため」に行為していないから無効であるという主張です。確かに，JAがBさんの横領の意図を知っていたり知りうる状態にあったりした場合には，民法93条ただし書を類推適用して，Bさんの行為の効果を本人に帰属させないとする判例がありますが（最高裁昭和42年4月20日判決（民集21巻3号69頁）），質問の事例の場合には，Bさんの横領の意図はJAは知ることもできなかったといえそうですから，民法93条ただし書の類推適用は無理でしょう。また，横領のための貯金払戻しは代理権限の範囲外という主張も考えられますが，行為の目的は代理権限とは関係ありませんから，この主張も成り立ちません。

　以上のとおり，質問の事例で考えられるAさんの相続人の反論はいずれも成り立たないと考えられます。

●まとめ

　以上のとおり，質問の事例では，Aさんの相続人からJAに対する賠償請求あるいは貯金払戻無効の主張は認められないと思われます。しかし，解説の冒頭で説明したように，JAは貯金者死亡の情報を入手した場合には，入手経路のいかんにかかわらず，相続の手続に従って相続人等との連絡や事故・注意情報の登録などの手続を踏むことなどの手続を行わなければなりません。質問の事例でも，事務手続に従った処理を行っていたら，このようなトラブルに巻き込まれることもなかったと考えられます。

第4章　貯金の解約・払戻し・消滅時効

50. 遺産分割前の
共同相続人の1人からの払戻請求

質問

　貯金者のAさんが亡くなって間もなく，Aさんの長男Bさんが，Aさん名義の満期日の到来した定期貯金証書と取引印・戸籍謄本を持参し，解約を申し出てきました。
　貯金係が聞いたところ，Aさんには他に2人の相続人がいるということなので，相続貯金の解約は相続人全員の署名・押印が必要なことを告げると，Bさんは「それでは自分の法定相続分である3分の1だけ払い戻してほしい」といいました。
　貯金係はどのように取り扱ったらよいでしょうか。

実務対応

　事務手続に従って，役席者の承認を得て次のとおり取り扱います。
　まず，払戻請求を行ったBさんの本人確認を行い，被相続人の戸籍謄本等により相続人であることを確認します。次に，相続人全員による相続手続ができない理由，遺言がないこと，遺産分割協議が行われる見込みがないこと，相続人の廃除等がないことを確認し，他の相続人に通知のうえ異議の申立がない場合に払戻しに応じる旨を説明し，了解を得ます。
　次に，他の相続人に対し，Bさんから法定相続分の割合の貯金の払戻請求があること，それに異議がある場合には申し出てほしいこと，

226

50. 遺産分割前の共同相続人の1人からの払戻請求

異議の申出がなければ払戻請求に応じること、を記載した通知文を作成して送付します。この通知文に対し相当期間経過しても異議がなければ、払戻しに応じます。払戻しに応じるときは、Bさんの法定相続分を間違いないように確認します。とくに、Bさんが相続放棄をした者がいると主張する場合には、相続放棄申述受理証明書等を確認します。また、被相続人の誕生から死亡までのすべての戸籍謄本（除籍謄本）を確認し、被相続人の死亡時の戸籍に記載されていない相続人がいないかも確認します。これらにより法定相続分を正確に確認できたら払戻しを行いますが、払戻しは貯金口座ごと（定期性貯金の場合は取組番号ごと）に、法定相続分の割合の相当額を払い戻します。

なお、他の相続人から異議が出された場合には、異議内容を検討し、法定相続分による払戻しを拒む正当な理由と考えられる場合には、その旨を払戻請求者に説明し、払戻しを謝絶します。正当な理由といえない場合には、異議を述べた相続人にその旨を説明したうえで、払戻しを行います。

●共同相続人の1人からの法定相続分の割合の貯金払戻請求にかかる判例

解説 金銭債権の相続について判例は、「相続人数人ある場合において、その相続財産中に金銭その他の可分債権があるときは、その債権は法律上分割され各共同相続人がその相続分に応じて権利を承継する」としており（最高裁昭和29年4月8日判決（民集8巻4号819頁））、その前提として、相続財産の共有（民法898条）は民法249条以下に規定する「共有」とその性質を異にするものではない（最高裁30年5月31日判決（民集9巻6号793頁））という立場に立っており、この点は貯金債権についても変わりません（東京高裁平成7年12月21日判決（金判987

号15頁))。したがって，貯金債権は，共同相続人間の遺産分割協議の対象外となるのが原則であるとされますが（東京地裁平成9年5月28日判決（金判1033号36頁)），「可分債権も，共同相続人全員間の合意によって，不可分債権に転化させることも可能と解することができるから，共同相続人の全員が，預金債権等の可分債権を遺産分割協議の対象にすることにつき合意した場合には，これを法定相続分に従って当然に分割されたものと扱うべきではなく，右債権については共同相続人の合有関係に転化したものとして処理すべきである」としています（前掲東京地裁平成9年5月28日判決）。さらに，同判決は，貯金の法定相続分の払戻しを受けた金融機関の立場から，「(貯金の)債権が遺産分割協議の対象に含めることについての合意が成立する余地がある間は，その帰属が未確定であることを理由に請求を拒否することも可能というべきである」との判断を示しています。

　また，共同相続人の1人が貯金債権の法定相続分の払戻しを求めてきた場合の金融機関の対応について，「遺言の存否，相続人の範囲，遺産分割の合意の有無等をめぐって争いがあるにもかかわらず，共同相続人の1人が預金債権につき法定相続分の払戻しを求めてきた場合に，銀行その他の金融機関が安易にその要求に応じると，債権の準占有者に対する弁済者の保護（民法478条)，遺産分割の遡及効の第三者への制限（民法909条）等の規定により，金融機関が二重弁済を強いられることはあまりないものの，金融機関が相続人間の紛争に巻き込まれ，応訴の労を取る必要等が生じることがありうる。このような事態を避けるため，共同相続人の1人が預金債権につき法定相続分の払戻しを求めてきた場合に，一応，遺言がないかどうか，相続人の範囲に争いがないかどうか，遺産分割の協議が調っていないかどうか等の資料の提出を払戻請求者に求めることは，預金払戻しの実務の運用として，不当とはいえない。前記の銀行実務の取扱いは，その限度で

50. 遺産分割前の共同相続人の 1 人からの払戻請求

理由があるものといえる」が,「預金の払戻請求をした共同相続人の 1 人が, 一定の根拠を示して, 相続人の範囲, 遺言がないこと, 遺産分割の協議が調っていない事情等について説明をしたときは, 金融機関としてはその者の相続分についての預金の払戻請求に応ずべきものである。その場合に, 共同相続人全員の合意又は遺産分割協議書がなければ払戻請求に全く応じないとするのは, 相続に関する法律関係を正解しない行きすぎた運用というべきである」という判断を示した判例もあります (東京地裁平成 8 年 2 月 23 日判決 (金法 1445 号 60 頁))。

さらに, 相続貯金の払戻しに一律に相続人全員の署名・押印を求める金融機関の事務手続について,「(金融機関) としては, 被相続人の遺産について, 遺言の存否, 相続人の範囲及び遺産分割合意の存否等をめぐり争いがあるにもかかわらず, 共同相続人の一部による法定相続分の払戻請求に安易に応ずると, 準占有者に対する弁済 (民法 478 条) 等が認められないことにより, 貯金につき二重払を強いられる危険性は皆無とはいえない。また, 仮に, 二重払が強いられない場合にも, 被告において, 相続人間の紛争に巻き込まれ, 長期間にわたる応訴等を強いられる危険性は生じうるところである」と金融機関が相続の手続において負担する危険に理解を示し,「これらの危険性を可能な限り払拭するための方策として, 一律に, 相続人全員の同意が書面により証明されない限り, 貯金債権の払戻しに応じないとの取扱いを定めたものといいうるのであって, このことに照らせば, 本件内規にもとづく取扱いについては, 少なくとも被告の立場から見れば, 一定の合理性が認められるところである」という評価をする判決もあります (東京地裁平成 22 年 3 月 25 日判決 (判例集等未登載))。もっとも, この判決も「本件支払拒絶は, 債務不履行 (履行遅滞) としての評価を受けることは当然としても, これを超えて, 不法行為としての違法性を帯びるものとはいえない」と述べるにとどまり, 債務不履行に伴

う遅延損害金の支払を命じています（遅延損害金を超えて，不法行為を理由とする弁護士費用等の損害賠償請は認めませんでした）。
●共同相続人の1人からの法定相続分の割合の貯金払戻請求に対する金融機関の対応

　上記の判例に現れた事例でも判るように，かつては相続貯金の払戻しについては，相続人全員の同意を要するという事務手続としている金融機関が多かったようです。しかし，最近では，上記の判例の傾向を受けて，一定の調査などを行ったうえで共同相続人の1人からの法定相続分の割合の貯金払戻請求に応じる金融機関も多くなりつつあると思います。ただ，どのような調査を行ったうえで対応するかは，金融機関ごとに差があるように思います。なかには，相続人であることと法定相続分，払戻請求者から遺言や遺産分割協議が行われていないことについての書面による確認のみで払戻しに応じている金融機関もあるようです。一方で，未だに相続人全員の同意が必要であるとしている金融機関もあるようです。

　ＪＡバンクで通常用いている事務手続は，実務対応のところで解説したとおりですが，他の相続人全員に通知を行い異議の有無を確認してから対応することとしています。このような対応をしている金融機関は他にもあると思いますが，相続貯金者にとってやや厳しい対応といえると思います。とくに他の相続人の住所の確認のためには戸籍の附票（住民基本台帳法16条）の確認が必要となりますが，戸籍の附票の写しの交付は，記載されている者の本人，配偶者，直系尊属，直系卑属，自己の権利を行使しまたは義務を履行するために戸籍の附票の記載事項を確認する必要がある者などに限られますから（同法20条），相続貯金の払戻しを請求する者がＪＡに提出（提示）するのが難しい場合もあると思います。その場合には，他の相続人に事情を話して戸籍の附票の写しをとってきてもらわないといけないことにな

50. 遺産分割前の共同相続人の1人からの払戻請求

り，事実上その相続人の同意を得るのと同じことになってしまう場合もあるからです。

●相続貯金の法定相続分を払い戻す際の注意点

　判例の考え方に従えば，相続貯金は，個々の口座や取組案件ごとに法定相続分の割合で分割されて承継されることになります。そのため，ＪＡに預け入れられた貯金の総額について法定相続分相当額を計算し，特定の貯金からその金額を払い戻す取扱いはできないことに注意が必要です。もっとも，定期貯金と普通貯金がある場合に，法定相続分相当額を全額普通貯金から払い戻すなど他の相続人に不利にならない取扱いであれば，払戻しを請求する相続人が同意すれば可能でしょう。

　なお，定期貯金を解約する場合には，中途解約に応じる義務はないので，満期日（自動継続扱いの場合は，自動継続停止の申出があった直後の満期日）に払戻しを行えばよいことになります。

第4章　貯金の解約・払戻し・消滅時効

51. 遺産分割協議成立後の貯金の払戻し

質問

普通貯金と定期貯金の取引をしていたAさんが死亡して数か月たったある日，遺産分割協議書を持参したAさんの長男から「分割協議の結果，JAにある父の貯金はすべて私が相続することになったので，解約をお願いします」と依頼されました。

どのような手続により事務処理をすればよいでしょうか。また，遺産分割協議書により何を確認すればよいのでしょうか。

実務対応

Aさんが死亡し相続が開始されていることと誰が相続人になるかを，戸籍謄本等や相続放棄申述受理証明書等の提出を受けて確認します。そのうえで，遺産分割協議書の提出を受け，JAの貯金の取扱いが具体的に明記されているかを確認します。

遺産分割協議書の記載からJAの貯金を承継する相続人が特定できる場合には，相続人全員の印鑑登録証明書の提出を受けて，遺産分割協議書の相続人の住所・氏名・印影を印鑑登録証明書と照合します。そのうえで，JAの貯金を承継する相続人から相続手続依頼書の提出を受け，その記載内容が遺産分割協議書に記載されたJAの貯金の取扱いと一致していることと承継する相続人の住所・氏名・印影を印鑑登録証明書と照合します（なお，JAの貯金を承継する相続人がJA

と貯金取引がある場合には，届出印の押印を受けて印鑑届と照合することでもよいでしょう）。

　遺産分割協議書の記載からＪＡの貯金を承継する相続人が特定できない場合，遺産分割協議書の相続人の署名や印影を照合できない場合などは，相続手続依頼書に相続人全員の署名・押印を受け，印鑑登録証明書により照合します。

　いずれの場合も，相続手続依頼書の記載内容に従って処理を行いますが，ＪＡの貯金を承継する相続人が貯金の名義を自分名義に変更することを希望する場合でＪＡとの貯金取引がない場合には，印鑑届の提出を受けて名義変更の手続を行います。また，解約を希望する場合には，解約金を振込によって支払うか現金の場合は領収書と引換えに支払います。

●有効な遺産分割協議書とは

　遺産は，被相続人の遺産分割の指定または禁止の遺言（民法908条）がある場合を除き，共同相続人の協議によって分割することができます（同法907条1項）。遺産分割協議は，相続によって共同相続人の共有となった財産につき，具体的に誰が，どの財産を，どれだけ相続するかを協議するもので，本来は，各相続人の法定相続分に応じて遺産の価値を分割するものですが，共同相続人全員の合意によって分割方法を定めれば，それが各相続人の法定相続分と一致しなくても有効とされています。したがって，遺産分割協議は必ず共同相続人の全員が参加して行うことが必要です。

　また，共同相続人のなかに未成年者とその親権者がいるときは，親権者が未成年者を代理して遺産分割協議を行うことは親子間の利益相反行為（民法826条）となり，協議の内容が未成年者の利益となって

いる場合でも，この協議は原則として無効とされます。この場合には，原則として，家庭裁判所が選任した特別代理人が子を代理して，協議に参加していることが必要です。

　さらに，相続人中に同一親権者の親権に服する未成年者が数人いるときには，未成年者1人ごとに特別代理人が必要で，1人の特別代理人が数人の未成年者を代理することはできないと解されています。

　遺産分割協議書は，全相続人が同一の遺産分割に同意していることが確認できればよく，同一の内容であれば複数の書面に別々の相続人が署名したものでもさしつかえありません。ただし，ＪＡが，相続人本人が署名したことを確認するため，実印による押印と印鑑登録証明書の提出が必要になります。また，特別代理人が未成年者を代理する場合には，家庭裁判所の特別代理人選任審判書謄本の提示と特別代理人の印鑑登録証明書の提出を受け，遺産分割協議書と払戻・名義変更依頼書の双方に特別代理人の署名および実印による押印があることを確認する必要があります。

　また，遺産分割協議書が公正証書で作成されているときは，本人確認は公証人が行っていますので，相続人全員が参加していること，利益相反行為の場合に必要な対応がとられていることと公証人の原本証明を確認すればよいことになります。

●遺産分割協議書によりＪＡの貯金の取扱いが明確になっている場合

　ＪＡに提出された遺産分割協議書の記載内容からＪＡの貯金を誰がどのように承継するかを特定でき，かつ遺産分割協議書の相続人全員の署名と印影を印鑑登録証明書で照合できる場合には，ＪＡの貯金の取扱いについて遺産分割協議書だけで相続人全員が同意していることが確認できますから，相続手続依頼書は，相続人全員から提出を受ける必要はありません。ＪＡの貯金を承継する相続人だけから相続手続依頼書の提出を受けて，手続を行います。

この場合には，相続手続依頼書に記載された内容が遺産分割協議書と同内容であることを確認し，相続手続依頼書のＪＡの貯金を承継する相続人の署名・押印を印鑑登録証明書と照合したうえで，相続手続依頼書の記載内容に従って取り扱います。なお，ＪＡの貯金を承継する相続人がＪＡの貯金取引先の場合は，相続手続依頼書に届出印で署名・押印を受け，ＪＡに届出されている印鑑届によって照合することもできます。

●遺産分割協議書によりＪＡの貯金の取扱いが明確になっていない場合

遺産分割協議書の記載内容からＪＡの貯金を誰がどのように承継するかを特定できない場合や遺産分割協議書に相続人全員の署名がなかったり署名と印影を印鑑登録証明書で照合できなかったりする場合には，遺産分割協議書だけでは，ＪＡの貯金をどのように取り扱うのか，その取扱いに相続人全員が同意しているのかを確認することはできません。その場合には，相続手続依頼書に相続人全員の署名・押印を得たうえで提出を受け，ＪＡはそれらの署名と印影を印鑑登録証明書と照合して確認します。なお，相続人のなかにＪＡとの貯金取引がある人がいる場合には，届出印の押印を受けて，ＪＡに届出されている印鑑届によって照合することもできます。

●相続貯金の名義変更または解約の処理

相続貯金は，相続手続依頼書の記載内容に従って処理することになります。処理方法としては，ＪＡの貯金の名義を承継する相続人の名義に変更する方法と解約して払い戻す方法が一般的です。名義変更を希望する場合で貯金を承継する相続人がＪＡと貯金取引がない場合には，改めて印鑑届の提出を受けたうえで名義変更の手続をします。また，解約する場合には，解約代り金を振込によって支払うのが一般的ですが，現金による受取りを希望する場合には，領収書と引換えに現

第4章　貯金の解約・払戻し・消滅時効

金を交付するようにします。

なお，被相続人にＪＡから交付していた通帳・証書・キャッシュカード等は，相続人から提出を受けた場合には回収等の処理を行い，提出がない場合には紛失したものとして処理します。

貯金払戻請求事件は欠席裁判

　共同相続人間の遺産分割協議成立前に，一部の相続人から法定相続分の貯金の払戻請求があった場合，後日，ＪＡが相続人間の紛争に巻き込まれないために，他の相続人全員の同意がなければ払戻しに応じないのがかつての実務でした。このため，支払を拒絶したＪＡが払戻請求者から訴えられる事件が，発生しました。

　この裁判で，被告であるＪＡがどう対応するかが問題です。裁判所の期日呼出しに毎回出席して，金融機関の慣行とその正当性を主張し，払戻しを拒んだことが正当であると主張することになりますが，相続人に払戻しを請求する権利がないことを直接主張する内容でなく，有効な抗弁となりえないことが多かったようです。そのためか，大半は，どうせ勝ち目はないとはじめから諦めて欠席してしまったようです。

　しかし，ＪＡの義務である貯金の払戻しを拒むことができる理由は，相手方に権利がないあるいは権利の行使を妨げる事由がある場合だけです。そのような主張もできずに敗訴するということは，正当な理由なく払戻義務を履行しなかったことをＪＡ自ら認めることであり，ＪＡの債務不履行つまり違法行為に他なりません。コンプライアンスや利用者保護を求められているＪＡが行ってよいこととは思えないのですが，いかがでしょうか。

52. ＪＡの都合による普通貯金取引の一方的解約

質問

ＪＡは，Ａさんとの間で普通貯金取引を継続していますが，Ａさんにはかねてから地区内で悪い評判があり，最近一部の顧客から苦情が出始め，理事のなかにも，ＪＡの信用が傷つくから取引を断るべきだという者もいます。

Ａさんは，窓口職員に対して時として乱暴な言葉を使うことはありますが，取引振りにはとくに問題はありません。

ＪＡは，Ａさんとの普通貯金取引を強制的に解約できるでしょうか。

実務対応

Ａさんの行為が反社会的行為に該当するなど，普通貯金規定に定める解約事由に該当しない限り，ＪＡから一方的に普通貯金を解約することはできないと考えるべきでしょう。

解説

●普通貯金取引の法的性質と解約の意味

普通貯金取引の解約ということを検討する前提として，普通貯金取引の法的性質を詳しく検討する必要があります。一般に金融法務では，普通貯金を期限の定めのない金銭の消費寄託契約であると解説されています。しかし，普通貯金取引全体を見てみると，全額払い出されて残高がまった

くない場合でも、つまり、金銭の寄託がなされていない場合でも、普通貯金取引としての口座が残った状態となっており、ＡＴＭではもちろん窓口でも、いつでも通帳と現金を持参して普通貯金への入金（新たな金銭消費寄託契約の締結）を行うことができ、ＪＡはこれを拒むことができないと考えられます。普通貯金規定にも、「この貯金は、当店のほか当組合のどこの店舗でも預入れまたは払戻しができます」（同規定1条）と定められています。このように、契約の相手方の一方的な意思表示で契約を成立させることができる契約関係を予約契約といいますが、普通貯金取引には金銭消費寄託契約の予約契約が含まれていることは明らかです。さらに、普通貯金規定3条に定められている振込金の受入れについては、貯金者がＪＡに対して為替による振込金を自分の口座に入金することを委託した委任契約であるとされています。

このように、普通貯金取引といった場合には、単に預け入れられた金銭にかかる金銭消費寄託契約だけでなく、金銭消費寄託契約の予約契約や振込金受入れの委任契約などが複合した法律関係が存在することになります。

したがって、普通貯金取引の解約という場合には、その複合的な法律関係のすべてを解約することを意味していることになります。

●ＪＡからの一方的な解約

いったん成立した契約関係を解消するには、当事者間の合意を要するのが原則で、契約の一方当事者が契約を解除するには、契約または法律によってその当事者に解除権が与えられていることが必要となります（民法540条）。法律の規定にもとづく解除権については、すべての契約に共通する解除権（同法541条〜543条など）のほか、個々の契約の性質に応じた解除権が定められています。普通貯金取引に含まれている委任契約については、各当事者がいつでも一方的に解除で

52．ＪＡの都合による普通貯金取引の一方的解約

きるとされています（同法651条）。また，予約契約については，民法上に明文の規定はありませんが，予約契約を維持することが一方当事者にとって著しく不合理な場合には解除できると考えられています（同法589条参照）。

　また，契約によって定められた解除権としては，普通貯金規定12条に「解約等」として普通貯金取引の解約（解除）について規定されています。同規定では，貯金取引先からは「この貯金口座を解約する場合には，通帳を持参のうえ，当店に申出てください」（同規定12条1項）と定められており，いつでも解約できることが定められています。

　一方，ＪＡからの解約について，普通貯金規定では，架空名義や借名名義の貯金であることが明らかとなった場合，譲渡・質入れ禁止の規定に違反した場合，法令や公序良俗に反する行為に利用され，またはそのおそれがある場合，貯金者が反社会的勢力や暴力団等であることが明らかとなった場合，一定期間利用がない場合などに限られており，民法で規定され，あるいは解釈上考えられている解除権よりも制限されています（普通貯金規定12条2項・3項・4項）。このように，一般的な規定や考え方を制限する普通貯金規定の定め方を考えると，ＪＡについては，普通貯金規定に定められた特約により，民法で規定された解除権や解釈上一般に認められている解除権は，普通貯金規定で定められた範囲まで制限されていると考えるべきでしょう。

　以上のことから，質問の事例のＡさんが反社会的勢力に該当するなど普通貯金規定に定める解約事由に該当する場合以外には，Ａさんの普通貯金を解約することはできないと考えるべきでしょう。

第4章 貯金の解約・払戻し・消滅時効

53. 不当な要求を繰り返す
　　　普通貯金取引先の口座解約

質問

　Aさんは、最近ＪＡに普通貯金口座を開設した貯金取引先です。Aさんは、最初のうちは普通の取引振りで、とくに目立った利用者ではありませんでしたが、徐々に為替終了時刻間際に急ぎの振込を依頼したり、多額の振込入金をしておいて閉店間際に現金での払戻しを求めたりするようになりました。

　あるとき、閉店間際の振込についてＪＡの窓口担当者が、時間が間に合わないので当日入金は難しいと説明したところ、大声で怒鳴りちらしたうえで帰っていきましたが、翌日から「ＪＡが振込を受け付けなかったので大きな商売ができなくなり巨額の損害がでた。どうしてくれる、ＪＡとして誠意を示せ」と何度も要求し、毎日のように来店しては居座るなどの不当要求を繰り返すようになりました。その間にもAさんは普通貯金の入出金は通常どおり行っていますが、今度は何をいわれるかと気が気ではありません。

　ＪＡは、普通貯金規定にもとづき普通貯金口座を解約したいと考えていますが、どのような手続をとればよいでしょうか。

53. 不当な要求を繰り返す普通貯金取引先の口座解約

実務対応

　質問の事例のＡさんは，ＪＡに事務ミスが発生しやすい処理や対応が難しい処理を何度も要求してＪＡに不当要求をするきっかけを探っていたように思われます。質問の時点では，ＡさんはＪＡに対し不当要求を繰り返す，明らかに反社会的行動にでています。このような場合，ＪＡは，暴力団等反社会的勢力との関係を遮断するため，貯金取引の関係も速やかに解消することが求められます。このため，普通貯金規定には，このような場合にＪＡから一方的に口座解約することができる旨の規定がおかれています（同規定12条3項）。

　質問の事例の場合，ＡさんはＪＡに対し不当要求を繰り返しており，普通貯金規定12条3項に解約事由として定められている「不当な要求行為」に該当する行為を行っていることは明らかですから，この規定にもとづいて，Ａさんの普通貯金口座をＪＡから一方的に解約します。

　この場合の手続ですが，普通貯金規定12条2項に従い，Ａさんの届出の名称，住所地に宛てて内容証明・配達証明郵便等により通知を発信します。この通知がＡさんに到達したか否かにかかわらず，通知の発信の時に口座が解約されたものとされますので，通知の発信と同時に口座解約の手続をとります。

　口座に残高がある場合には，解約利息も含めて別段貯金に留保しておき，Ａさんが通帳を持って払戻しを求めてきた際に，慎重に本人確認を行ったうえで支払います。

●貯金規定に定めるＪＡの解約権

解説

　現在，ＪＡが一般に用いている普通貯金規定では，貯金者からの解約のほかＪＡから解約する場合について，規定がおかれています（普通貯金規定

241

12条)。従来は，貯金者からの解約については規定がおかれていましたが（普通貯金規定12条1項），ＪＡからの解約については規定がありませんでした。ＪＡからの解約の規定がおかれたのは，平成12年(2000年)に全国銀行協会が，預金口座不正利用防止のため，本人確認に関するガイドラインを設けるとともに，普通預金規定ひな形を改正したことを受けたものです。この時の改正では，①貯金口座が架空名義または借名名義であること，②譲渡・質入れ禁止の条項に違反したこと，③貯金が公序良俗に反する行為に利用されまたはそのおそれがあること，のいずれかの場合に，貯金の取引の停止または貯金口座の解約ができると定められました（普通貯金規定12条2項の規定に相当します）。さらに，政府が策定した「企業が反社会的勢力による被害を防止するための指針」（平成19年(2007年)6月19日犯罪対策関係閣僚会議幹事会申合せ）を受けて，全国銀行協会は，不当な資金源獲得活動の温床となりかねない取引を根絶し，反社会的勢力との関係遮断ができるように約定書や貯金規定改定の参考例を示しました。平成20年(2008年)11月25日に制定した融資取引の契約書に盛り込むべき暴力団排除条項の参考例に引き続き，平成21年(2009年)9月24日に「普通預金，当座勘定規定および貸金庫規定に盛り込む暴力団排除条項の参考例の制定について」を発出しました。これを受けて，ＪＡバンクでも，貯金規定等に暴力団や反社会的勢力を排除するための規定が盛り込まれました。これが，多くのＪＡで現在用いられている貯金規定等です。この時の改正では，新たに，①口座開設時に貯金者が行った表明・確約に関し虚偽の申告があった場合，②貯金者が暴力団，暴力団関係者などであることが明らかになった場合，③貯金者が反社会的な行動を行った場合，をＪＡから貯金取引停止または口座解約できる事由に加えました。

なお，この後，平成23年(2011年)6月2日に，全国銀行協会は，

融資取引および当座勘定取引における暴力団排除条項を実態に即してより明確化するように改正しています。今後は，ＪＡバンクでも，この内容を参考に，当座勘定規定以外の貯金規定等も含めて融資取引の約定書や貯金等の規定類が改正されていくものと思われます。

●貯金者が反社会的勢力であることが判明した場合の対応

　貯金者が暴力団等の構成員であったり反社会的な行為を行ったりするなど，反社会的勢力であることが明らかとなった場合，貯金規定では「取引の停止」または「口座の解約」ができるとされています。取引の停止と口座の解約は似たような概念ですが，取引の停止が口座そのものは維持したまま，貯金者への払戻しも含む入出金などすべての取引を停止することであるのに対し，口座の解約は，文字どおり口座そのものを解約して取引関係を解消することを指します。その使い分けについては，明確な基準があるわけではないようですが，反社会的勢力との関係遮断を図るという目的から考えれば，口座の解約が原則的な対応ということになると思います。ただ，振り込め詐欺の受け皿口座などに利用されている場合など，口座の残高を被害者等に配分する場合などには，取引の停止を行うことになります（振り込め詐欺等への対応および犯罪利用口座の残高の被害者への配分の手続については，54，55を参照）。

　質問の事例では，普通貯金口座の残高を犯罪被害者等に配分することはないと思われますので，反社会的勢力であるＡさんとの関係遮断を図るため，口座の解約を行うのが適当でしょう。

●貯金取引先が反社会的勢力であることを理由に口座解約する場合の注意点

　貯金取引先が，質問の事例のように反社会的行為を繰り返すなど反社会的勢力であることが明らかとなった場合には，反社会的勢力対応の一般的な場合と同じように，警察に相談して情報の提供と支援を依

243

第4章　貯金の解約・払戻し・消滅時効

頼します。また，顧問弁護士等とも相談して協力を仰ぎます。貯金口座の解約には，実務対応で説明したように解約通知書を（簡易）書留や内容証明郵便に配達証明を付すなどの方法で郵送しますが，この通知書の差出人をＪＡとするかＪＡの代理人としての弁護士名とするかは弁護士とよく相談して決めることになりますが，相手方がＪＡに直接接触してくるのを早期にやめさせたい場合には，ＪＡの代理人としての弁護士名で通知する方がよいでしょう。

　解約した後，口座に残っている資金を犯罪被害者等に配分する等の必要がない場合には，貯金者に返還することになりますが，この場合はとくに本人確認に十分注意して慎重に行います。単に，届出印の押印があり通帳等の提示があっただけで本人確認が完了したと考えてはなりません。犯罪収益移転防止法上も，本人確認済として取り扱うことができない場合に該当することが多いと思います。払戻しには時間を要する場合もある旨が貯金規定上も明記されていますので，じっくり慎重に本人確認を行います。返還は，資金をＪＡの口座開設店舗に準備して貯金者が来店するのを待っていればよいと規定上定められています。また，ＪＡが直接接触すべきでないと考えられる場合には，資金を弁護士に預け，弁護士事務所で貯金者に引き渡す方法もありますので，弁護士とよく相談して対応するべきでしょう。

　なお，口座解約とは直接関係がありませんが，疑わしい取引の届出の対象となる場合が多いと思いますので，検討のうえ忘れずに対応するようにします。

54. 犯罪利用の疑いのある普通貯金の取扱い

質問

休眠状態にあったＡさん名義の普通貯金口座について警察から照会があり，ただちにその口座の取引状況を調査したところ，最近多額の振込入金があり，その直後にＡＴＭを通じて全額が引き出されたことが判明しました。この取引につき，警察からの照会により，この口座が「振り込め詐欺」に利用されたとの疑いを深めました。どのように対応すべきでしょうか。

Ａさんは，現在届出の住所に居住せず，所在が不明で連絡がとれません。

実務対応

ＪＡが通常用いている事務手続では，質問の事例については，次のとおり対応することになります。

警察からの照会や貯金口座の動きから，ＪＡはこの貯金口座が犯罪に利用された疑いをもったうえ，貯金者は行方不明で連絡がとれないわけですから，犯罪利用の疑いがあるとして貯金取引を停止することになります。また，この場合には，同一人の取引が他にないか貯金口座の名義と生年月日等をもとに名寄せして，同一人の貯金口座と判断された口座についても，取引状況等の確認等を行い，事情に応じて取引の停止の対象とします。なお，貯金規定上は口座の解約もできますが，犯罪に利用されていなかったことが後日判明した場合の取引再開のしやすさや，振り込め詐欺救済法にもとづく被

第4章　貯金の解約・払戻し・消滅時効

害回復分配金等の支払が取引停止を前提としていることなどから，取引の停止で対応します。

　取引の停止の事務処理は，まず対象口座全部について取引の停止の事故・注意情報の登録を行ったうえで，貯金口座名義人にその旨の通知を簡易書留郵便などで郵送します。なお，通知は事故・注意情報を登録後，速やかに発送するようにします。

　なお，犯罪利用の疑いがあるわけですから，「疑わしい取引」であることは明らかです。忘れずに疑わしい取引の届出をするようにします。

　また，犯罪利用の疑いがあることを理由に取引の停止等の措置をとった貯金口座の取引状況を確認して，取引を停止した口座から資金を移転する目的で利用されている疑いがある預貯金口座がないか，可能な限り確認します。疑いがある口座が見つかった場合には，自ＪＡの貯金口座については，その貯金口座も犯罪利用の疑いのある口座として取引の停止の必要があるか検討します。また，他金融機関の場合には，ＪＡ全体の情報を取りまとめて，本部の責任部署からその金融機関に所定の情報の提供をします。

●犯罪に利用された疑いのある貯金口座に対する対応に関する態勢の整備

　　　　　　　　　貯金口座が振り込め詐欺などの犯罪に利用された
　　解説　　　　疑いがある場合には，迅速に取引の停止等を行っ
　　　　　　　　て，今後の犯罪利用を防ぐとともに，被害者の被害
回復を図るために口座からの払戻しを制限することが重要です。犯罪利用預金口座等に係る資金による被害回復分配金の支払等に関する法律（以下「振り込め詐欺救済法」といいます）3条1項にも，犯罪利用の疑いがある預金口座の取引停止等の措置を適切に講ずべきことが

定められています。しかし，実際に犯罪利用の疑いを感じても，その場で取引停止等の措置をとる決断はなかなかできないものです。

　そこで，あらかじめどういう状況になったら犯罪利用の疑いがあることを理由に取引停止等の措置をとるかを事務手続等で定めておき，定められた条件が満たされたことを確認し次第，事務手続に従って取引停止等の措置をとる扱いとすることで，実際の場面で混乱せずに適切に対応することが可能になると思います。「系統金融機関向けの総合監督指針」にも，「系統金融機関においては，不正利用口座に係る取引停止等の措置を，事務手続の問題ではなくコンプライアンスの問題として位置付け，迅速かつ適切に実施するための態勢を整備していく必要がある」（上記監督指針Ⅱ－3－1－3－1－1(3)④）としており，ＪＡ内部の責任部署の設置や事務手続の整備などの態勢の整備の重要性が指摘されています。

●犯罪に利用された疑いのある貯金口座の発見

　貯金規定には，「この貯金が法令や公序良俗に反する行為に利用され，またはそのおそれがあると認められる場合」に，ＪＡからの通知によりその貯金口座を解約または取引を停止することができると規定されています。とくに犯罪に利用されている場合には，新たな犯罪被害の発生防止と被害者の損害回復の財源とするために口座を解約したり取引を停止したりすることが必要です。この点は，振り込め詐欺被害者救済法3条1項に金融機関の義務として定められています。ところが，口座の解約や取引の停止の措置は，貯金者にとっても影響が大変大きく，誤って取引の停止等をしてしまった場合にはＪＡの責任を問われることも考えられることから，警察などから犯罪に利用されているとの連絡を受けるなど犯罪利用の事実が確実な場合以外は，迅速な対応の必要性は理解できるものの，判断に迷ってしまうことが多いのも実情です。

第4章　貯金の解約・払戻し・消滅時効

　そこで，ＪＡなど多くの金融機関では，あらかじめ犯罪利用の疑いを生じた場合を類型化してケースごとの確認方法を定めておき，定められた条件を満たした場合に犯罪利用の疑いありと判定して取引停止等の対応をとることを事務手続に定め，また判断に迷った場合等に検討・決断する責任部署等の態勢を構築するようにしています。「系統金融機関向けの総合監督指針」にも，「口座の不正利用に関する情報を速やかに受け付ける体制を整備」，「預貯金規定や振り込め詐欺救済法に定められている預貯金取引停止・口座解約等の措置を迅速かつ適切に講ずる態勢を整備」することの他，「同一名義であることなどから不正利用が疑われる口座等についても，取引状況の調査を行うなど，必要な措置を講ずる」ことなどを主な着眼点として挙げています（上記監督指針Ⅱ－3－1－3－1－2(4)）。

　ＪＡでは，事務手続に定められた事項をよく理解して，定められた情報を入手した時には，迅速・適切に対応できるようにしておく必要があります。

●貯金口座の犯罪利用の疑いありと判定された場合の措置

　警察から指摘があった場合や，質問の事例のように貯金口座が犯罪に利用されていた場合，あるいはその疑いがあると判断された場合には，速やかに貯金取引停止の事故・注意情報の登録を行って，貯金取引を停止します。これによって，登録した口座の入出金等がいっさいできなくなります。また，犯罪に利用された疑いのある口座の名義人と同一人が名義人となっている口座があるかを，名義や生年月日等を用いてＪＡ内の他の店舗も含めて名寄せし確認します。その結果，同一名義人の口座が発見された場合には，その口座の開設店舗に連絡し，その店舗でも必要な調査を行って，取引停止等の措置の要否を検討し，必要な措置を講じます。

　取引停止等の措置を講じた店舗では，その口座の名義人に対し取引

停止を行った旨の通知を出状します。通知は取引停止等の措置の実施後速やかに簡易書留等で送付します。なお，後日の証拠とする必要がある場合には，内容証明郵便に配達証明を付して郵送するようにします。

なお，貯金口座が犯罪に利用された疑いが生じたわけですから，当然疑わしい取引に該当します。その届出も忘れずに行うようにしなければなりません。

また，口座名義人が違法な行為を行っていたことが確認できる場合には，同人は反社会的勢力ということになりJAとのすべての関係を遮断をすべきことになりますから，その対応も必要となります

●他金融機関への情報の提供

振り込め詐欺被害者救済法では，振り込め詐欺など振込を利用した犯罪行為において振込の直接の受皿口座となった口座の他，その口座から資金を移転することを目的として利用された預貯金口座で，その資金が振込の受け皿口座の資金と実質的に同じであると認められる預貯金口座も，犯罪利用預金口座として取り扱うこととされています（振り込め詐欺被害者救済法2条4項）。さらに，犯罪利用の疑いがあるとして取引停止等の措置を取った場合には，その口座から資金を移転することを目的として利用された疑いのある預貯金口座を開設している金融機関に，必要な情報を提供するものとされています（同法3条2項）。

そこで，JAが通常用いている事務手続でも，そのための手続が定められています。その具体的な手続は，次のとおりです。まず，犯罪利用の疑いがあるとして貯金口座の取引を停止した場合には，その口座の取引状況等を確認して，その貯金口座から資金を移転する目的で利用された疑いのある預貯金口座がないか確認します。資金移転の目的で利用された預貯金口座が見つかった場合には，JAの本部の責任

第4章　貯金の解約・払戻し・消滅時効

部署に報告します。ＪＡの本部は，これらの情報をとりまとめて，その預貯金口座を有する金融機関に，①その預貯金口座がある金融機関の店舗名，預貯金種別，口座番号，口座名義人，②その口座への振込にかかる情報として，振込年月日，発信番号，振込依頼人の氏名，振込金額，振込を利用した犯罪の内容など，③ＪＡにおける取扱いとして，貯金取引停止等の実施予定または実施した根拠，の情報を提供します。

55. 振り込め詐欺の被害者への被害回復分配金の支払

質問

長期間取引が途絶えたＡさん名義の普通貯金口座に，最近振込依頼人Ｂさんから300万円が振り込まれ，直後に数回にわたり計200万円が払い戻されるという動きがあり，その直後に地元警察署から，「振り込め詐欺の疑いで逮捕したＣが，Ｂさんを騙してＡ名義の口座に300万円を振り込ませたことを自供した」との通報がありました。

ＪＡでは，事務手続に従い，情報の確認，通報内容の記録，役席者への報告を行い，取引停止の措置をとりました。

この後，どのように対応すればよいでしょうか。

実務対応

振り込め詐欺などの振込を利用した犯罪行為により被害者から振り込まれた資金の振込先となった貯金口座について，犯罪利用預金口座等に係る資金による被害回復分配金の支払等に関する法律（通常，「振り込め詐欺被害者救済法」と略して呼ばれていますが，この項では以下「本法」といいます）では，金融機関が取引を停止したうえで被害者への分配の手続をとることを義務付けています。手続は法令の規定に従って行いますが，その場で法令の規定を読みながら対応することは難しいので，ＪＡでは，事務手続を定めて円滑な処理ができるように工夫しています。このことは，系統金融機関向け総合的な監督指針でも指摘さ

れています。

　ＪＡで通常用いている事務手続では，振り込み詐欺等の振込利用犯罪行為にかかる被害回復分配金の支払などに関して必要な事項を詳細に規定していますので，実務はこれに従って対応することとなりますが，その手続の大きな流れを示すと次のとおりとなります。

(1)　貯金債権の消滅の手続

① 犯罪利用の疑いがあると認められた貯金口座の取引停止等の措置（本法3条1項）

② 犯罪利用口座と疑うに足りる相当の理由があることの認定（本法4条1項）

③ 預金保険機構への貯金債権消滅手続開始の公告の依頼（本法4条）

　→預金保険機構による預貯金債権消滅手続開始の公告（本法5条。なお，本法にかかる公告はすべてインターネットによって行われる〈本法27条〉）

④ 貯金債権の消滅の手続に入った貯金口座から資金を移転する目的で利用された預貯金口座が開設されている金融機関への通知（本法4条3項）

⑤ 貯金債権の権利行使の届出，貯金債権に対する差押え・仮差押え・仮処分，貯金名義人の法的倒産手続の開始決定がなされた場合は，ＪＡから預金保険機構に通知（本法6条1項）

⑥ 貯金口座が犯罪利用口座でないことが判明した場合には，ＪＡから預金保険機構に通知（本法6条2項）

　→⑤，⑥の場合は，貯金債権の消滅手続の終了（本法6条3項）

　→届出期間（60日以上）内に⑤，⑥の事情がない場合，貯金債権は消滅する（本法7条前段）

⑦ ⑤，⑥の事情がなかった場合，その旨をＪＡから預金保険機構

に通知（本法施行規則11条）
  →預金保険機構による貯金債権消滅の公告（本法7条後段）
(2) 被害回復分配金の支払手続
① 預金保険機構への被害回復分配金の支払手続の開始の公告の依頼（本法10条1項）
  →預金保険機構による被害回復分配金の支払手続の開始の公告（本法11条・27条）
  →犯罪被害者からの被害回復分配金支払の申請受付（本法12条）
    ※ 申請受付は，犯罪利用口座が開設されている金融機関が行う（本法12条1項）
    ※ 申請は，犯罪被害者が振込を依頼した金融機関を経由しても行うことができる（本法12条3項）
    ※ 申請受付期間は30日以上（本法11条2項）
② 申請期間経過後速やかに，ＪＡによる犯罪被害回復分配金の支払を受けることができる者の決定（本法13条）
③ 犯罪被害回復分配金の支払を受けることができる者への書面の送付（本法14条）
④ 犯罪被害回復分配金の支払を受けることができる者等を記載した決定表の申請人への閲覧のための備置き（本法15条）
⑤ 犯罪被害回復金の支払（本法16条）
⑥ 預金保険機構への被害回復分配金の支払手続の終了の公告の依頼（本法18条1項）
⑦ 貯金債権に残余がある場合の預金保険機構への納付（本法19条）
    ※ 残余がある場合：貯金債権が1,000円未満である場合（本法8条3項参照），犯罪被害回復分配金の支払を行わなかった場合，犯罪被害回復金の支払額が貯金債権の額に満たな

かった場合

　なお，ＪＡは，犯罪の被害にあったと申出をした者に対して，被害回復分配金の支払の申請に関して利便を図る措置を適切に講じることとされています（本法5条4項）。また，犯罪被害を受けたと疑われる者に対して，被害回復分配金の支払手続の実施等について周知するため，必要な情報の提供などの措置を適切に講じることとされています（本法11条4項）。

●振り込め詐欺被害者救済法制定の背景と犯罪被害回復金の支払手続の基本的な考え方

　　　　　　　　　金融機関の重要な機能の1つである振込を悪用した振り込め詐欺などの犯罪行為は依然として後を絶たず，その被害額も相当な額にのぼっています。とくに，被害者の多くが高齢者であることや，被害額が多額となって生活に支障をきたす深刻な事例もみられ，大きな社会問題となっています。振り込め詐欺については，警察などの啓発活動も活発に行われていますし，犯罪に利用されている金融機関も振込を依頼する人に注意喚起をしたり，不自然な振込依頼には事情を聞いたりなどして，被害発生を事前に食い止めるように努力をしていますが，それでも被害がなかなか減らないのが実情です。

　振り込め詐欺の場合，振込を行った後に被害にあったことに気が付いても，その時点で振込を取り消して被害にあった金額を回収することや，振込先口座に残っている残高から被害を回復することは，既存の法律の仕組みでは困難でした。そこで，振込先口座など犯罪に利用された口座の残高を被害者に分配して被害者の財産的な被害を少しでも回復できるようにするために，「犯罪利用預金口座等に係る資金による被害回復分配金の支払等に関する法律」（通常，「振り込め詐欺被

害者救済法」と略称されますが，本項では「本法」と呼びます）が制定され，平成20年6月21日に施行されました。

　本法に定められた犯罪利用口座の貯金債権消滅の手続もそれに続く被害回復分配金の支払の手続も，預金保険機構の関与はあるものの，手続を実施する主体は対象の口座が開設されている金融機関が担う仕組みとなっています。そのため，金融機関の内部で，犯罪利用口座の認定や被害回復分配金を受け取る者の認定などの判断事項の判断基準，決定プロセス，決定権限者，決定後の事務手続などをあらかじめ明確に定めておき，振り込め詐欺などの犯罪に利用された疑いがある貯金口座が発見されたときに，円滑に処理ができるようにしておくことが重要です。

　このことは，「系統金融機関向け総合的な監督指針」（以下「監督指針」といいます）でも，次のように示されています。

① （本法において,）系統金融機関は「振り込め詐欺」に限らず，詐欺その他の人の財産を害する罪の犯罪行為全般に関して，振込先として利用された預貯金口座（犯罪利用預貯金口座）である疑いがあると認めるときは，当該預貯金口座にかかる取引停止等の措置を適切に講ずること等が求められる（監督指針Ⅱ－3－1－3－1－1⑵④（注））

② 被害者の財産的被害を迅速に回復するため，本法に規定する犯罪利用預貯金口座にかかる預貯金等債権の消滅手続や，振込利用犯罪行為の被害者に対する被害回復分配金の支払手続等について，内部規則で明確に定めることなどにより，円滑かつ速やかに処理するための態勢を整備しているか（監督指針Ⅱ－3－1－3－1－2　主な着眼点(5)）

③ 貯金債権消滅手続期間中における被害申出者に対し，支払申請に関し利便性を図るための措置を，また，被害が疑われる者に対

255

し，支払手続実施等について周知するため，必要な情報提供その他の措置を，適切に講ずるものとしているか（監督指針同上箇所）

●本法に定める事務処理とその際の注意点

　ＪＡが本法で定める貯金債権の消滅手続および被害回復分配金の支払手続を行う際の処理内容は，各ＪＡで事務手続として定めてあると思いますが，その概要は実務対応で説明したとおりです。その際に注意を要するのは，他の金融機関への情報提供と被害を申し出た者への情報や利便性の供与です。

　他の金融機関への情報提供は，本法では，犯罪利用の疑いのある貯金口座の取引停止等の措置を行った場合（本法3条2項）と貯金債権の消滅手続に入った場合に定められています（本法4条3項）。前者は，犯罪に利用された疑いのある貯金口座の取引停止等の措置をとった場合に，その貯金口座の取引の状況やその他の事情を勘案して，その口座にかかる資金を移転する目的で利用された疑いのある他の金融機関の預金口座等があると認めれるときに，その金融機関に対し必要な情報を提供するものとされています。

　また，貯金債権の消滅手続を行った際には，その貯金口座の取引の状況やその他の事情を勘案して，その口座にかかる資金を移転する目的で利用されたと疑うに足りる相当な理由がある他の金融機関の預金口座等があると認められるときに，その金融機関に対し本法施行規則7条で定める次の情報を提供するものとされています。

（提供すべき情報）

①　ＪＡ名および店舗名，貯金債権の消滅手続をとっている貯金等の種類および口座番号

②　貯金債権の消滅手続をとっている貯金等の名義人の氏名または名称

③　貯金債権の消滅手続を行っている貯金等にかかる債権の額

④　被害を受けた者から振込が行われた時期
⑤　振込利用犯罪行為の概要
⑥　貯金債権の消滅手続および被害回復分配金の支払手続の方針
⑦　資金を移転する目的で利用されたと疑われる他の金融機関の預金口座等にかかる店舗，預金等の種別および口座番号
⑧　資金を移転する目的で利用されたと疑われる他の金融機関の預金口座等の名義人の氏名または名称
⑨　犯罪利用預金口座等であると疑うに足りる相当な理由
⑩　その他必要な事項

　次に，被害を申し出た者への情報や利便性の供与についてですが，これには貯金債権の消滅手続において，被害を受けた旨の申出をした者に対し，被害回復分配金の支払の申請に関して利便を図るための措置を適切に講ずること（本法5条4項）と被害回復分配金の支払手続において，被害を受けたことが疑われる者に対して被害回復分配金の支払手続の実施等について周知するために，必要な情報の提供その他の措置を適切に講ずること（本法11条4項）が定められています。監督指針で主な着眼点として挙げられた上記③の点は，本法のこの規定を受けたものです。

　これらの情報提供は，法律で定められた重要な事項ですから，適切に対応するように注意しなければなりません。とくに被害を申し出た者への情報や利便性の供与については，相手に応じて説明内容等も工夫が必要になるなど，機械的な対応では十分でない場合も多いと思いますので，とくに注意が必要です。

56. 消滅時効期間経過後の定期貯金の払戻請求

質問

窓口に，満期日から15年以上も経過した定期貯金証書を持参して払戻しを請求する人が訪れました。

貯金係が記録を調べようとしましたが，当ＪＡは10年ほど前に合併したため，書類は簡単には引き出せません。また，上司や先輩も支払済みかどうか記憶がありません。

このような場合，消滅時効が完成していることを理由に支払を拒むことは，正しい対応といえるでしょうか。

実務対応

すでに支払済みとなっていることもありえますので，二重払いの誤りをおかさないよう慎重な取扱いが必要です。そのためには，取引先の了解を得て，1～2日の猶予をもらってでも調査をすべきで，即座の対応は適当とはいえません。

調査をして残高が確認できれば，時効の完成を援用することなく，取引印により受取りの署名・押印を求めたうえ，元利金の払戻しに応じることにします。

しかし，調査の結果，雑益編入された記録もなく，帳簿も消却されて残高確認ができない場合は，残高がある貯金の帳簿を閉鎖することはありえませんから，証書なしで出金している可能性が高く，支払に

は応じられません。この場合には，ＪＡ内部の手続の仕組みを説明するなどして理解を求めますが，理解が得られない場合には，消滅時効を主張して支払を拒むこともやむをえないでしょう。

解説

●金融機関は消滅時効の援用をしないのが原則

　貯金債権は，貯金者が商人でなければ10年間，商人の場合は5年間行使しないときは，時効によって消滅します（民法167条1項，商法3条1項・522条）。時効は債権者がその権利を行使できる時から進行を始めますから（民法166条1項），普通貯金は最後の取引や記帳などＪＡが貯金者に対し残高を明示した時から，また定期貯金は満期日（自動継続定期貯金にあっては，貯金者が満期日前に継続停止を申し入れたときは，その直後に到来する満期日。もし継続回数に制限があるときは，継続停止の申入れがなくても，最後の満期日）から10年または5年間放置すると，時効が完成することになります。

　しかし，貯金者は，ＪＡに絶対の信頼をおき，ＪＡに貯金しておけば何年放置しても支払を拒絶されたり，あるいは貯金が消滅してしまうことはないという安心感をもっています。公共的性格をもつＪＡが，この取引先の信頼を裏切ることは適当とはいえません。

　このため，ＪＡは，貯金については，たとえ消滅時効期間が経過していても，貯金債権の存在が確認できる限り，時効の完成を主張（これを「時効の援用」といいます）して支払を拒否することはしないのが原則です。他の金融機関においても同様です。

　ところで，貯金証書や貯金通帳は，貯金債権の成立を証する証拠証券ではありますが，有価証券ではありませんから，債権と証書等が不離一体というものではなく，証書や貯金通帳に残高があっても債権は存在せず，あるいは証書や貯金通帳はないが貯金債権は残っていると

259

いうケースも，決して少なくありません。

取引先が貯金証書を所持していても，いわゆる便宜支払の処理で，証書の提出を受けないで元利金を払い戻したまま，証書を回収しなかったということや延滞した貸付金と相殺して残高はなくなっているが証書は回収できなかったということも考えられます。証書を持参したからといって，証書の記載内容にのみ従って払戻しに応じるわけにはいきません。

時効にかかるほど長期間放置していたわけですから，貯金者も迅速な処理を求めることはできないでしょう。担当者としては，常識的に許される限度で，十分に時間をかけて調査して対応するべきでしょう。

●消滅時効を援用しても権利の濫用とはいえない

前述のとおり，調査をして残高が確認できた場合は，ＪＡは時効の完成を援用することなく，慎重に本人確認をしたうえ，元利金の払戻しに応じることにします。しかし，調査しても，帳簿が消却されているなど残高確認ができず，雑益編入の記録もない場合には，ＪＡが定められた事務手続に従って処理していれば，残高が残っている貯金の帳簿を消却することはありえませんから，すでに証書なしで出金してしまっているはずです。この点を十分に説明し，支払には応じないようにします（法的には消滅時効を援用することになります）。

●金融機関が預貯金債権の消滅時効を援用することに関する判例

金融機関が預貯金債権について消滅時効を援用することについて，「市中銀行が消滅時効を援用しないで，預金者の払戻請求に応ずる一般的慣行が存することは公知の事実」と認めつつ，「これは単なる銀行のサービス業務としてなされているだけであり，なんら法的根拠はないものと解され，この慣行の存在のみをもって，銀行が消滅時効を援用することを権利の濫用ないし信義則違反であるということはでき

ない」という判例があります（東京地裁昭和54年4月12日判決（金判575号48頁））。この考え方が，金融機関が預貯金債権について消滅時効を主張することに関する法律関係にかかる一般的な理解だと思います。金融機関が預貯金債権の消滅時効の援用をすることを一律に権利の濫用として許されないとすることは，時効の利益をあらかじめ放棄することを禁止した民法146条の規定の趣旨にも反するでしょう。

　また，大阪高裁平成6年7月7日判決（金法1418号64頁）では，貯金債権の消滅時効を認めた判決のなかで，「一般に銀行においては，特別の事情がない限り，預金債権の払戻請求に対し，単に時効期間が経過したというのみで，消滅時効を援用してその払戻しを拒否することはしないという扱いを常としていること」を前提に，本件判決の事例において，金融機関が預貯金債権の消滅時効の援用をするにいたった特別の事情があるかを検討しています。検討の結果は，消滅時効完成後19年間も放置するなどの貯金者の対応などは，金融機関が消滅時効を援用することとなった特別の事情に該当し，金融機関の預貯金債権について消滅時効の援用を行ったことが権利の濫用や信義則違反には該当しないとしています。この判例は，一見金融機関が預貯金債権の消滅時効の援用をすることは特別の事情がない限り法的にもできないと考えているかのように読めますが，判決のなかで「消滅時効を援用してその払戻しを拒否することはしないという扱いを常としていること」の法的意味について説明していないこと，特別の事情の検討に関し「特別の事情の有無につき検討しておくこととする」としており検討の必要性について明言していないこと，を考えると，やはり，法的には金融機関が預貯金債権の消滅時効を援用することは制限されないのが原則という立場にたっていると考えるべきでしょう。

　だからといって，いかなる場合にも預貯金債権の消滅時効の援用が

第4章　貯金の解約・払戻し・消滅時効

権利の濫用や信義則違反にならないというわけではありません。事情によっては，それらの理由で時効の援用が許されない場合もあると思われますので，金融機関として誠実な対応をすることは大変重要なことだと思います。

古い預金通帳を持参した方への対応-

　「家の中を整理していたら父親名義の20年以上前の古い預金通帳がいっぱい出てきた」といって，預金通帳を発行した銀行を回っているという人が，ＪＡにも古い貯金通帳を持ってやってきました。貯金通帳を見ると普通貯金に100万円を超える金額が記帳されたままとなっています。早速，帳簿類を確認しましたが，その口座に関する帳簿も資料もありませんでした。他の金融機関の対応について伺ったところ，預金通帳の額面金額を支払ってくれたという話です。その方の了解を得てその金融機関に事情を聞くと，言葉を濁してはいましたが「お見舞金」という名目で預金通帳の残額と同額を支払ったようです。ただ，金額は数万円ということでした。

　ＪＡは，金額が100万円を超える高額であり，また理由のない支払もできないことから支払を拒絶したところ，その方から支払請求訴訟を起こされてしまいました。ＪＡは弁護士と相談のうえ応訴し，「ＪＡにはその貯金口座元帳等いっさいの帳簿，書面，記録は存在せず，ＪＡの内部の規定に従えばそのような状況は当該貯金口座がすでに全額払戻しがなされ解約された場合以外にありえないことから，当該貯金は全額払戻し済である。仮にそうでなくても，当該貯金債権は消滅時効により消滅している」と記載した答弁書を裁判所に提出しました。最初の口頭弁論期日では，裁判所が原告に消滅時効の中断事由の存在について立証を促しましたが，原告は応じることができず，そのまま結審となりました。後日，判決がありましたが，貯金債権の時効による消滅を認めてＪＡが勝訴したことはいうまでもありません。

57. 自動継続定期貯金の
　　　　　消滅時効と雑益編入

質問

　ベテランの貯金担当職員Aさんは，最近研修を受講した後輩のBさんの報告で，自動継続定期貯金の消滅時効は常に自動継続後の最終の満期日から進行するという最高裁の判例が出されたことを知りました。
　そこでAさんは考え込んでしまいました。JAの事務手続では，自動継続定期貯金は最後に記帳された定期貯金の満期日から10年を経過した後に雑益編入の手続をとることとなっていますが，この最高裁の判例によれば，自動継続定期貯金の場合，消滅時効の期間を満了しないうちに雑益編入を行ってしまうことになります。そのような処理をしてよいのでしょうか。

実務対応

　自動継続定期貯金の債権の消滅時効について，従来は，単に金融機関が内部的に自動継続の手続を行うだけでは中断しないと考えられていました。しかし，この点について最高裁は，貯金者から自動継続停止の申入れがあるなど，それ以降自動継続が行われなくなった満期日の到来から消滅時効が進行すると判断しました（最高裁平成19年4月24日判決（金判1267号17頁））。この判例に従うと，自動継続の回数に限度を設けていない自動継続定期貯金は，貯金者が継続停止の通知をするまで

は消滅時効が成立しないことになります。

　一方，長期間取引等がないいわゆる休眠口座の残高を貯金勘定から引き落として雑益に計上する雑益編入について，ＪＡの事務手続では，取引や通帳記帳や残高のお知らせ等のＤＭの貯金者への到達など，ＪＡによる貯金債務の承認と考えられる事由から10年を経過して行うのが一般的な定めとなっています。そのため，自動継続定期貯金については，消滅時効の期間満了前に雑益編入の手続がとられることになってしまいます。

　しかし，この点については，貯金債権の消滅時効の期間満了後に雑益編入の手続を行うべきものであるという理解が正しくありません。雑益編入は，消滅時効の期間満了とは無関係に，会計上の判断として，その貯金について払戻請求がなされ払い戻す蓋然性がきわめて少ない状況となったと判断された場合に行うべきものとされています。したがって，貯金債権の消滅時効の期間満了前でも雑益編入すべき場合があってもおかしくはないのです。ただし，雑益編入後に貯金者から貯金の払戻請求がなされることも考えられますから，雑益編入に関する資料は永久保存として保存し，貯金者からの払戻請求や照会に対応できるようにしておくことが必要となります。

●自動継続定期貯金の消滅時効についての考え方

　自動継続定期貯金の消滅時効については，従来は，「（自動継続定期預金は，預金者が，）満期日までにその一方的意思表示により，継続の停止を申し出ることによって，その満期日以後に払戻しを受けることができるものである。このように，債権者である預金者の一方的意思によって排除できる自動継続に係る弁済期の定めは，消滅時効の進行を妨げる法律上の障害とはならない」（大阪高裁平成17年5月18日判決（判例

集等未登載））と考えられており，実務もこれに従っていました。

　しかし，最高裁平成 19 年 4 月 24 日判決（金判 1277 号 51 頁）では，従来の考え方に対し，「預金者が初回満期日前にこのような行為（継続停止の申出）をして初回満期日に預金の払戻しを請求することを前提に，消滅時効に関し，初回満期日から預金払戻請求権を行使することができると解することは，預金者に対し契約上その自由にゆだねられた行為を事実上行うよう要求するに等しいものであり，自動継続定期預金契約の趣旨に反する」と指摘し，「初回満期日前の継続停止の申出が可能であるからといって，預金払戻請求権の消滅時効が初回満期日から進行すると解することはできない」としたうえで，「自動継続定期預金契約における預金払戻請求権の消滅時効は，預金者による解約の申入れがされたことなどにより，それ以降自動継続の取扱いがされることのなくなった満期日が到来した時から進行するものと解するのが相当である」という判断を示しました。

　この最高裁の判断に従えば，自動継続定期貯金は，自動継続を続ける限り消滅時効の期間が満了することはないことになります。多くの金融機関では自動継続の回数を制限してそれ以降は自動継続の取扱いを停止することになっているので，大きな影響はなかったようですが，ＪＡでは回数を制限していない規定となっていることが多く，とくにいわゆる休眠口座の雑益編入との関係で影響が大きいのではないかと懸念する意見もありました。

　もっとも，貯金者との関係では，金融機関から消滅時効を主張して払戻しを拒むことは原則として行わないという実務が定着していますので，大きな影響はないとも考えられます。

●雑益編入と貯金債権の消滅時効

　長期間取引や通帳記帳などがなく貯金者との連絡もとれない貯金口座を休眠口座（休眠貯金）などと呼んでいますが，休眠口座について

は，一定期間経過後に貯金勘定を引き落として雑益勘定に振り替える雑益編入という経理処理を行います。この処理の結果，貯金元帳も閉鎖されてしまいますから，通常の事務手続では通帳記帳や払戻しの処理ができなくなります。そのため，雑益編入された後に貯金者がその貯金の払戻請求にきた場合に，貯金残高の確認ができずに払戻しに応じられないことも考えられます。そのようなことから，雑益編入は，万一貯金者が払戻請求にきても貯金債権の消滅時効を主張して払戻しを拒めるような状況になってから行うものという考え方もあったようです。ＪＡが通常用いている事務手続も，雑益編入を貯金債権の消滅時効の期間満了後に行うことを想定していたと思われ，時効期間の起算点または時効中断事由と考えられる事情があってから10年を経過した後に雑益編入の手続を行うように定めています。

　しかし，もともと雑益編入は会計上の処理で，貯金債権の消滅時効とは直接的な関係はありません。会計上は貯金債権が一定期間請求されないなど，金融機関が今後貯金を支払う蓋然性が少なく，会計上負債に計上する必要がないと判断した時点で行うべきものとされています。したがって，貯金債権の消滅時効の期間満了前でも，貯金者から払戻請求があるとは考えにくい状態になれば，雑益編入すべきことになります。この点は，益金への計上の時期の問題となりますので，税務当局もどういう時期に雑益としているかについて関心をもっており，消滅時効の期間とは関係なく，雑益に編入すべきことを指摘するケースも多いようです。

●貯金債権の消滅時効と雑益編入

　以上のように，貯金債権の消滅時効の期間満了時期と雑益編入の時期とは直接関係はしませんが，ＪＡの事務手続では，貯金債権の消滅時効の期間満了時期と雑益編入の時期とが原則一致するような規定内容となっていました。それでも，例外的に貯金債権の消滅時効の期

間満了前に雑益編入の処理を行うケースはあったと思いますが，紹介した平成19年の最高裁判決によって，自動継続的貯金の消滅時効の進行が継続停止後最初に到来した満期日からという判断が示された結果，自動継続定期貯金については，ほとんどの場合，消滅時効の期間満了前に雑益編入されることとなりました。このため，雑益編入した貯金の払戻しを求められた場合にも，通常の払戻しの対応と同じように対応する必要がある事例が生じることが多くなるだろうと思います。ＪＡをはじめとする金融機関は，雑益編入後も確認できる範囲で払戻しに応じるのが実務ですが，これまではほとんどの場合，貯金債権の消滅時効も主張できるがあえて主張しないというなかでの扱いでした。しかし，これからは，消滅時効を主張できず貯金債権が有効に残存している状態で貯金者と対応しなければならない場面も増えると思います。

　もっとも，雑益編入に関する記録が保存されていれば，貯金債権の内容を復元することはさほど困難ではありません。そのため，ＪＡが通常用いている事務手続では，雑益編入に関する基本的な資料を永久保存することとし，雑益編入した貯金がどういう状況にあったかを後日確認できるようにしているのです。

第4章　貯金の解約・払戻し・消滅時効

58. 偽造カードによるＡＴＭからの払戻しがなされた場合の対応

質問

　ＪＡの貯金取引先から，まったく知らない間に自分名義の普通貯金が払い戻されているとの届出がありました。キャッシュカードは貯金者が常に持ち歩いており，他人に貸したり他人が勝手に持ち出したりしたことは考えられません。ＪＡが払戻しの記録を調査したところ，ＡＴＭを利用して払い戻されていることが判りました。
　何者かがカードに記録されたデータを読み取り偽造カードを作ってＡＴＭから払戻しを行ったことが想定されますが，このような場合どのように対応すればよいのでしょうか。

実務対応

　個人の貯金取引先からＡＴＭによる不正な払戻しがあったとの申出があった場合には，迅速に対応して被害の拡大を防ぐほか，不正な払戻しに関してＪＡが調査した内容や不正な払戻しにかかる損失の補償などについて，貯金者に十分に説明します。また，ＪＡ自ら警察に報告して相談することはもちろん，貯金者にも警察に相談するように求めるなど，警察の捜査に協力します。あわせて，不正払戻しに関する記録を適切に保存して，貯金者や警察などからの開示要請に応じられるようにします。さらに，被害内容が把握できた場合には，損失の補償等について貯金者に十分に説明して，的確に対応します。

58. 偽造カードによるＡＴＭからの払戻しがなされた場合の対応

　これらの一連の対応に際しては，貯金者の年齢等や心身の状況などに十分配慮することが必要です。なお，被害額の補てん等の対応は，個人の貯金者に限られます。

　このような対応をその場で検討しながら的確に進めることはほとんど不可能ですので，ＪＡ内部で方針や事務手続を定め，判断基準やプロセスおよび決定権限者なども定めておくことが重要です。

　ＪＡが通常用いている事務手続で定められている手続の概要は，以下のとおりです。

(1)　初動措置
①　貯金者からの不正払戻しがあった旨の届出の受付
　→不正払戻しの内容（キャッシュカードによる，通帳等による，インターネットバンキングによる，等）
②　不正払戻しの内容に対応する事故・注意情報の登録（質問の事例では，キャッシュカードの事故登録）
③　本店担当部署への速やかな報告
　→状況に応じて本店担当部署から警察へ被害発生の連絡を行う

(2)　被害額の補償請求に対する対応
①　貯金者の本人確認のうえ正式な不正払戻しと被害額の補償依頼の受付
②　警察への被害届の確認等必要な事実関係の確認と面談記録の作成
③　本店担当部署への正式報告
　→都道府県知事等の関係当局への報告，カード補償情報センターへの登録等
④　被害取引，被害の内容の特定とＪＡからの被害届の提出
⑤　被害の状況等に応じた補償内容の決定
⑥　被害を受けた貯金者とＪＡとの和解契約書の取り交わしと補償

の実行
⑦　ＪＡから保険会社への保険金の請求等の事後対応

●偽造キャッシュカードによる不正払戻しの急増とその後の対応

解説　従来のキャッシュカードは，必要なデータがキャッシュカードに埋め込まれた磁気テープに記録されていたため，ＩＴ技術に詳しい者にとっては，市販のカードリーダーを用いることによって容易にデータを複製して偽造することが可能でした。そのため，データを複製して偽造したカードと何らかの方法で知った生年月日や電話番号などから推測した暗証番号を用いて，ＡＴＭから不正に現金を払い戻す犯罪が急増し，社会問題化しました。

この犯罪に対しては，全国銀行協会は「偽造キャッシュカード対策に関する申し合わせ」(平成17年1月25日) を公表し，偽造キャッシュカードによる預金等の引出し事件を，銀行業界の信頼を根幹から崩しかねない重大問題との認識を示したうで，次の各点などを申し合わせています。

① 　暗証番号のセキュリティー強化
・暗証番号変更の利便性確保と定期的な変更を勧めること
・暗証番号の管理を厳重にすること
・生年月日，電話番号など推測しやすい番号の使用を避けるように注意喚起すること
・キャッシュカードの暗証番号を他の暗証番号に利用することについての注意喚起
② 　偽造キャッシュカードを作られないために
・キャッシュカードを磁気カードから偽造がほとんどできないＩＣカードに換えること

58. 偽造カードによるＡＴＭからの払戻しがなされた場合の対応

- ＡＴＭにおける生体認証システムの導入
- キャッシュカードを長時間手元から離すことに対する注意喚起

③　偽造キャッシュカードによる被害が拡大しないために
- キャッシュカードの１日あるいは１回当たりの利用限度額の設定や引下げ
- 異常な取引を早期に発見するためのモニタリング等の体制の整備

④　万一，お客さまが被害に遭われた場合のために
- 銀行からの速やかな被害届の提出や防犯ビデオの保管期限の延長などの捜査への積極的な協力と法令等に定められた補償について真摯に対応すること

　また，偽造キャッシュカード等を用いた預金等の引出し事件の被害者保護のため，平成18年２月に「偽造カード等及び盗難カード等を用いて行われる不正な機械式預貯金払戻し等からの預貯金者の保護等に関する法律（以下「預貯金者保護法」といいます）」が施行され，これを受けて各金融機関も，カード規定を預貯金者保護法の仕組みに合わせて改正しました。なお，預貯金者保護法の仕組みでは，偽造カードや盗難カードなどを用いてＡＴＭから預貯金を払い戻された場合，金融機関は，ほとんど無過失責任に近い責任を負うことになることから，預貯金者に補償した金融機関に対する保険も開発され，ＪＡバンクでも，万一に備えて保険に加入していることが多いと思います。

●偽造キャッシュカードを用いてＡＴＭから貯金払戻しがなされた場合の貯金者への補償

　預貯金者保護法では，偽造キャッシュカードを用いてＡＴＭから不正な貯金払戻しがなされた場合には，民法478条に定める債権の準占有者に対する弁済の規定の適用がないとされました（預貯金者保護法３条本文）。そのうえで，貯金払戻しが有効とされる（ＪＡの免責を

271

認める）場合を，貯金者の故意による場合および貯金口座が開設されているＪＡに善意無過失でかつ貯金者に重大な過失がある場合に限っています（預貯金者保護法4条1項。なお，これらの事項は貯金払戻しが有効と主張する者が証明する必要があります）。また，この規定と同趣旨の規定が，カード規定にも盛り込まれています。

この預貯金者保護法の施行に先立って，全国銀行協会は，平成17年10月6日付の「偽造・盗難カードでのＡＴＭ等による不正払戻しにかかる全銀協申合せ事項」（本申合せ事項の全文は「15. キャッシュカードの発行申込み受付時の留意点」に掲載）のなかで，どういう事情があれば貯金者に重大な過失があるかについて次のとおり例示しています。

「本人の重大な過失となりうる場合とは，『故意』と同視しうる程度に注意義務に著しく違反する場合であり，その事例は，典型的には以下のとおり。

 (1) 本人が他人に暗証番号を知らせた場合
 (2) 本人が暗証番号をキャッシュカード上に書き記していた場合
 (3) 本人が他人にキャッシュカードを渡した場合
 (4) その他本人に(1)から(3)までの場合と同程度の著しい注意義務違反があると認められる場合」

●貯金の不正払戻しがあったとの届出（申出）があった場合のＪＡの対応

貯金者から貯金の不正払戻しがあったとの届出（申出）があったときの対応は，実務対応で説明したとおりです。ＪＡは，定められた事務手続に従って迅速かつ適切に対応することが求められます。とくに，預貯金者保護法やカード規定にもとづき損失を補てんしたり払戻しを無効と認めたりする対応は，金融機関に負担を強いることになりますから，金融機関が消極的な対応をとりかねません。「系統金融機

58. 偽造カードによるＡＴＭからの払戻しがなされた場合の対応

関向け総合的な監督指針」(以下「監督指針」といいます)でも，不正払戻しの被害にあった利用者からの届出を速やかに受け付ける体制が整備されているか，損失の補償について預貯金者保護法の趣旨を踏まえ，利用者保護を徹底する観点から，預貯金規定，利用者対応方針等において統一的な対応を定めているか，真摯な利用者対応を行う態勢を整備しているか，が主な着眼点として挙げられています。また，不正払戻しに関する記録の保存と，利用者や捜査当局への提供についての誠実な協力も，主な着眼点として挙げられています(監督指針Ⅱ－３－１－３－１－２(7))。

さらに，監督指針のＡＴＭシステムのセキュリティ対策の部分(Ⅱ－３－４－２)では，上述の各点に加えて，偽造キャッシュカードおよび盗難キャッシュカードによる不正払戻しを認識次第，速やかに「犯罪発生報告書」を行政庁(ＪＡの場合は都道府県知事など)に報告することが定められています(監督指針Ⅱ－３－４－２－３)。

第4章 貯金の解約・払戻し・消滅時効

59. 盗難通帳によって窓口で払戻しがなされた場合の対応

質問

個人の貯金者から,「一昨日の未明に自宅が盗難にあって普通貯金の通帳を盗まれた」という連絡がJAの支店に電話でありました。ただちにその貯金者の普通預金口座の動きを確認したところ,昨日そのJAの他の支店の窓口で残高の大半が払い戻されていました。JAでは,届出の電話番号に電話をして,届出住所や生年月日を確認するなどして本人であることを確認したうえで,昨日の取引内容を伝えたところ心当たりがないということでした。

盗難通帳による不正な払戻しが行われた可能性が強く疑われますが,JAはどのように対応すればよいでしょうか。

実務対応

盗難通帳を用いて窓口で不正な払戻しが行われた場合については,偽造カード等及び盗難カード等を用いて行われる不正な機械式預貯金払戻し等からの預貯金者の保護等に関する法律(以下「預貯金者保護法」といいます)の補償等の対象外ですが,全国銀行協会では,平成20年2月19日に「預金等の不正な払戻しへの対応について」を公表し,個人の利用者を対象に,預貯金者保護法の趣旨を踏まえて利用者の立場にたった対応を行うことを申し合わせました。これを受けてJAバンクでも,同内容の平成20年5月23日付JAバンク申し合わせを公表してい

59. 盗難通帳によって窓口で払戻しがなされた場合の対応

ます。

　この申し合わせでは，盗難通帳による預金等の不正払戻しについて，金融機関に過失がない場合でも，利用者に責任がない場合の被害について補償することとして，その旨を預貯金規定に定めることとし，預貯金規定の改定案なども示されています。

　預貯金規定の改定案の内容は，預貯金者保護法で定められている盗難カード等を用いたＡＴＭによる不正払戻しと同趣旨となっています。また，ＪＡにおける実務対応等も「58．偽造カードによるＡＴＭからの払戻しがなされた場合の対応」で解説した内容と同一です。

　ただし，この場合は窓口での払戻しが想定されていますので，貯金者に重過失がある場合や過失がある場合についての例示が印鑑の管理に関する事例となっています。

●窓口での払戻しは預貯金者保護法の適用対象外

　盗難や偽造されたカードや通帳を不正に用いて行われる払戻しのうち，ＡＴＭなどの現金自動支払機による払戻しの場合は，預貯金者保護法によって預貯金者の保護が図られることとなったのは，「58．偽造カードによるＡＴＭからの払戻しがなされた場合の対応」で解説したとおりです。しかし，預貯金者保護法では，窓口で預貯金の不正な払戻請求が行われ不正な払戻しがなされてしまった場合は対象としていません。預貯金者が盗難などの犯罪の被害にあって預貯金を不正に払戻しされてしまう場合には，ＡＴＭなどの現金自動支払機を用いた払戻しだけでなく，窓口で不正な預貯金の払戻請求を行って払い戻す場合もありえますから，この場合はどのように取り扱われるかが問題となるところです。そこで，全国銀行協会は，平成20年2月19日に「預金等の不正な払戻しへの対応について」を公表し，個人の利用者を対象に，預貯

275

金者保護法の趣旨を踏まえて利用者の立場にたった対応を行うことを申し合わせました。これを受けてＪＡバンクでも，同内容の平成20年5月23日付ＪＡバンク申し合わせを公表しています。なお，この申し合わせでは，インターネット・バンキングによる預貯金の不正払戻しの被害についての補償などについても，併せて申し合わせています。

●全国銀行協会等の申し合せの内容

　全国銀行協会が平成20年2月19日に公表した盗難通帳による不正払戻しに関する申し合わせの内容は，①盗難通帳を用いた不正払戻しについて銀行に過失がない場合でも，預貯金者の責任によらずに生じた被害について補償すること，②①の趣旨を反映して預金規定を改定すること，③不正払戻しの発生防止に向けた本人確認等の厳格化などによって，預貯金者の利便性を大きく損なうことがないように配慮すること，④補償請求の際の手続などについて預貯金者の理解を得られるように，広報活動等を積極的に行うこと，の各点です。これに加えて，預金規定の改定内容の参考例と預貯金者に重過失や過失があるとされる場合の事例が示されました。

　預金規定の改定内容は，現在ＪＡバンクで個人の貯金者向けに規定されている内容と同じですが，その骨子は以下のとおりです。

① 盗難通帳による不正払戻しの損害の補てんは，個人が貯金者の場合に限ること
② 盗難通帳による不正払戻しが貯金者の故意によって行われたものでないこと
③ 損害の補てんは，通帳の盗難に気づいて速やかにＪＡに通知がなされること，ＪＡの調査に対し貯金者から十分な説明が行われていること，ＪＡに対し警察への被害届が提出されていることなど盗難にあったことが推測される事実を確認できるものを示して

59. 盗難通帳によって窓口で払戻しがなされた場合の対応

いること，のすべてに該当する場合に行うこと
④ 損害の補てんは，ＪＡへの通知がなされる日の原則30日前の日以降になされた払戻しについて，払戻しの額およびこれにかかる手数料，利息に相当する金額とすること
⑤ ＪＡが善意無過失でかつ貯金者に過失があることをＪＡが証明した場合には，補てん額は③の金額の4分の3とすること
⑥ 次の各場合には補てんは行わないこと
　ⓐ 上記②のＪＡへの通知が通帳を盗取されてから2年を経過する日以後に行われた場合
　ⓑ ＪＡが善意無過失でかつ貯金者に重大な過失があった場合
　ⓒ 払戻しが貯金者の配偶者，二親等内の親族，同居の親族その他の同居人，または家事使用人によって行われた場合
　ⓓ 貯金者が被害状況についてのＪＡに対する説明において重要な事項について偽りの説明を行ったこと

　　　　　　　●貯金者の重大な過失または過失となりうる場合

　預貯金者保護法が適用になる現金自動支払機による不正払戻しの場合には，暗証番号によって本人確認の重要な要素となるので，貯金者の重過失や過失の認定も暗証番号の定め方や管理に関する事項が中心となります。一方，窓口における不正払戻しの場合には，払戻請求書に押印された届出印の照合が本人確認の重要な要素となりますから，この場合には，印鑑の管理に関する事項が中心となります。
　全国銀行協会の申し合わせで例示された事項は次のとおりです。
　① 貯金者の重大な過失となりうる場合
　重大な過失とは「故意」と同視しうる程度の注意義務に著しく違反する場合であり，典型的には次のとおりです。
　・貯金者が他人に通帳を渡した場合
　・貯金者が他人に記入，押印済みの払戻請求書や諸届を渡した場合

・その他貯金者に上記2つの場合と同程度の著しい注意義務違反があると認められる場合

ただし，病気の方が介護ヘルパー等に通帳や記入・押印済みの払戻請求書などを預けた場合（介護ヘルパーは業務としてはこれらを預かることはできないため，あくまで個人的な立場で行った場合）など，やむをえない事情がある場合はこの限りではありません。

② 貯金者に過失があるとされる場合

貯金者に過失があるとされる場合の例は次のとおりです。

・通帳を他人の目につきやすい場所に放置するなど，第三者に容易に奪われる状態に置いた場合
・届出印の印影が押印された払戻請求書，諸届を通帳とともに保管していた場合
・印章を通帳とともに保管していた場合
・その他本人に上記の3つの場合と同程度の注意義務違反があると認められた場合

●盗難通帳による不正な払戻しがあった場合の対応

貯金者等から通帳を盗取され不正に払戻しがなされた等の通知があるなど，ＪＡが通帳が盗取されたという情報を得たときは，「58．偽造カードによるＡＴＭからの払戻しがなされた場合の対応」で解説した同様の手続に従って，同様の注意を払いながら対応することとなりますので，そちらを参照してください。

60. 見知らぬ来店者からの 線引小切手の支払請求

質問

当座取引先のＡさんが振り出した一般線引小切手が呈示されましたが，持参人は当店とはまったく取引がない見知らぬ方です。

当座係が小切手の裏面を見ると，Ａさんの取引印が押印されています。この小切手を支払ってもさしつかえないでしょうか。

実務対応

線引小切手は，支払人と取引のない者に対し支払うことができませんが，当座勘定規定の特約により，ＪＡは振出人の裏判がある線引小切手は，その者と取引がなくても持参人に支払うことができることになっています。

しかし，ＪＡはまったく面識のない持参人に支払うこととなりますから，支払にあたっては，振出人の届出印の照合や小切手要件の確認はもちろん，この小切手についてＡさんから事故届が出ていないか，小切手の記載事項に不審な点がないかなどを慎重に点検し，とくに振出人の裏判の印鑑照合には十分な注意を払う必要があります。

なお，金額が 10 万円を超える場合には，犯罪収益移転防止法上の本人確認も必要となります。

●取引がなくても振出人の裏判があれば支払に応じてよい

　線引小切手制度の意義については,「10. 線引小切手の貯金口座受入れ」で説明したとおり,支払人であるＪＡは,銀行または自己の取引先以外には線引小切手を支払うことはできず,これに違反して支払った場合には,そのために生じた損害を賠償しなければなりません（小切手法38条1項・5項）。

　一方,いったんなされた線引はどんな方法によっても抹消することができないことから（小切手法37条5項）,ＪＡと取引がない者が線引小切手を受け取ってしまった場合には,受取人は取引銀行を通じて取り立てなければならず,もし受取人に取引銀行がまったくない場合には,簡単には現金化できないことになって,受取人の利便性をはなはだしく阻害する結果となります。

　この不便さを避けるために,線引小切手の裏面に振出人の押印がある場合には,これを振出人が「ＪＡに対しては線引の効力を排除する」旨の意思表示をしたものとみて,ＪＡは持参人に支払い,振出人はこれによる損害を負担するという実務上の取扱いが行われてきており,当座勘定規定にも特約されています（同規定19条1頁）。

　この線引の効力排除の特約が,振出人とＪＡの間で有効であることは判例（最高裁昭和29年10月29日判決（金判529号13頁））も認めていますから,ＪＡはこの特約に従って裏面に振出人の押印のある線引小切手を取引のない来店者に支払うことができ,これによって振出人が損害を受けても,ＪＡに損害賠償義務は生じません（当座勘定規定19条2項前段）。

●裏判が偽造でないかどうかは念入りにチェックする

　振出人の裏判による線引排除の特約は,振出人以外の第三者に対抗できるものではありませんから,万一正当な所持人ではない持参人に

支払った場合には、ＪＡはこれによって正当な所持人が受けた損害を賠償しなければなりません。この場合には、ＪＡは特約にもとづき振出人に求償することで、最終的な負担を免れることができます（当座勘定規定 19 条 2 項後段）。

しかし、ＪＡが振出人にこの特約による免責を主張するためには、小切手支払時に要求される一般的な注意を払うことはもちろん、とくに裏判の偽造を見落とすことのないよう、慎重な印鑑照合が要求されます。この点について疑いがある場合には、支払をすべきではないことはいうまでもありません。

約束手形になされた特定線引

　ＪＡの新入職員Ａさんは、受入研修を終わってＪＡ本店の貯金の係に配属されました。ある日、手形交換所から持ち帰ってきた約束手形を当座貯金から決済する事務をしようとしてびっくりしました。なんと、約束手形なのに特定線引がなされているではありませんか。受入研修のときに、「線引は小切手独特の制度です」と教わったばかりなので、これは何かの間違いだろうかと思いましたが、周りの先輩は普通に取り扱っています。あんまり不思議なので、ひと段落ついた時に先輩に聞いてみました。先輩は、「ああ、これね。これは手形交換所の決まりで交換に持ち出す銀行がするんだよ」と教えてくれました。

「東京手形交換所規則施行細則 27 条（持出銀行名および持出店名の表示）
 1．加盟銀行は、交換に付す手形（不渡手形を除く）の表面に特定線引判等によって持出銀行名および持出店（交換参加店）名を表示するものとする。（以下略）」

第4章　貯金の解約・払戻し・消滅時効

61. 契約違反を理由とする　　手形の支払差止めの依頼

質問
当座取引先の甲社が振り出した約束手形が，支払期日に交換呈示されましたが，当座残高が不足しているため，当座係が甲社に連絡したところ，社長が「この手形については受取人との間の売買契約が解除されたため支払う必要のないものだから，支払を拒絶してほしい」といってきました。
　この手形の原因である売買契約が本当に解除されたのかどうか確認できませんが，申出どおり取り扱ってよいのでしょうか。

実務対応
当座係は，社長のいう売買契約の解除が事実かどうかまでは確認する必要はなく，社長の申出に従い第2号不渡事由である「契約解除」を理由として支払を拒絶し不渡りとします。しかし，手形交換所の不渡報告に登載されないようにするためには，手形金額と同額の不渡異議申立預託金を甲社がＪＡに預託し，ＪＡがこれを不渡異議申立提供金として手形交換所に提供する必要があります。
　不渡異議申立を行わない場合には，不渡事由は第2号不渡事由の「契約解除」であっても不渡報告に登載されてしまいます。また，甲社の当座残高が不足したままの場合には，第1号不渡事由である「資金不足」にも該当しますから，不渡事由が重複することになり，優先

282

する第1号不渡事由である「資金不足」を理由に第1号不渡届を提出することになります。

　なお，不渡異議申立手続によって不渡処分を免れても，善意の手形所持人に対しては支払義務は免れないことを，甲社によく説明しておくべきです。

●手形が善意の第三者に譲渡されると支払不要の抗弁はできなくなる

解説　手形は不要因証券または無因証券といい，手形を作成する何らの理由がなくても有効に振り出すことができ，またいったん振り出した手形の原因関係が後に消滅しても，手形の効力には何らの影響も及ぼさない証券です。

　もちろん，約束手形の振出人は，受取人との間の原因関係がなくなれば受取人との関係では手形支払の理由もなくなりますが，受取人が事情を知らない第三者に手形を裏書譲渡してしまうと，振出人が受取人に主張できた手形支払不要の抗弁は所持人には通用しなくなり（これを人的抗弁の切断といいます─手形法17条・77条1項1号），所持人に対しては手形支払の義務を負わなければなりません。

　ところで，当座取引先が振り出した手形・小切手をＪＡが支払うのは，取引先との当座勘定取引契約によって手形・小切手の支払を委託され，受任者として支払義務を負うからです。したがって，取引先から特定の手形の支払差止めの依頼があった場合には，その手形について取引先の支払委託が取り消され，理由の如何を問わず支払をしてはならない契約上の義務が生じます。

　したがって，取引先から契約解除を理由に支払を拒絶するよう申出があった手形については，その真否にかかわらず，これに従って支払を拒絶しなければなりません。

●当座残高が不足するときは第1号不渡事由による不渡届を出す

「契約解除」という第2号不渡事由により手形の支払を拒絶しても，当然に不渡処分を回避できるわけではありません。不渡処分を免れるためには，ＪＡが手形金額と同額の不渡異議申立提供金を手形交換所に提供して，不渡異議申立手続をとる必要があります。そのためには，手形金額と同額の不渡異議申立預託金を甲社がＪＡに預託して，不渡異議申立手続を依頼することが必要です。

この手続によって，振出人甲社は不渡報告への登載を猶予されます。ただし，これによって振出人の当該手形上の支払義務が消滅するものではありませんので，振出人は善意の手形所持人から請求されれば，結局は支払をしなければならず，支払後に受取人から不当利得（民法703条）として償還させるほかないことになります。

これに対し，呈示の時において当座貯金の残高が当該手形を支払うに足りず，かつ甲社がＪＡに不渡異議申立預託金を預託できないときは，「契約解除」という第2号不渡事由と「資金不足」という第1号不渡事由の双方が該当することになります。この場合は，第1号不渡事由による不渡届を出さなければなりません（東京手形交換所規則施行細則77条2項2号）。この不渡届が出されると，振出人が不渡処分の前提としての不渡報告に登載されることはもちろんです。

62. 金額の主記と複記が相違する小切手の支払

質問

当座取引先のAさんが振り出した小切手が呈示されましたが，当座係が見ると，金額欄には「￥178,000※」とチェックライターで打刻され，欄外余白には手書きで「金壱拾八万七千円也」と記載されていました。

所持人は「文字で記載された金額が正当な小切手金額のはずだから，18万7,000円を支払うべきだ」と主張していますが，どちらの金額を支払うのが正しいのでしょうか。

実務対応

この場合，法律上は文字（漢数字）で記載した18万7,000円が正当な小切手金額です。しかし，JAは，Aさんとの当座取引契約上の特約にもとづき，小切手の金額欄に記載された17万8,000円を支払うことになっています。

JAは，所持人に対して小切手金支払の義務があるわけではなく，Aさんに対して当座取引契約上の義務を負っているだけですから，所持人の請求に応じて正当な小切手金額を支払うことはできません。

もし，所持人が自己の主張を譲らない場合は，JAからAさんに連絡して対応を相談することになりますが，Aさんがあくまで金額欄に記載された17万8,000円を支払うように求めた場合には，17万8,000円を支払い，所持人に17万8,000円の支払を受けた旨の記載

を小切手にしてもらって小切手を返戻するか，所持人に支払呈示を撤回してもらい，Ａさんと話し合うよう依頼すべきでしょう。

●手形法・小切手法では漢数字で記載したものが優先する

振出人が手形・小切手の金額を記載する場合に，金額欄のほか余白にも併記することがあります。そして，どちらか一方を誤記したことで両者の金額に相違が生じた場合には，どの金額が正当な小切手金額となるのかが問題となります。

この点について法律は，「文字と数字によって記載した金額の間に差異があるときは文字で記載した金額」，「文字または数字で重複して記載した金額に差異があるときは最小の金額」をそれぞれ正当な手形金額・小切手金額とすると定めています（手形法6条・77条2項，小切手法9条）。

つまり，質問のように金額欄には算用数字（アラビア数字）で，欄外には漢字（漢数字）で金額が記載されている場合には，記載されている場所および両者間の金額の多少を問わず，文字で記載された金額が手形金額・小切手金額となりますから，この小切手の金額は18万7,000円とする所持人の主張は正当です。

●当座取引実務では金額欄記載の金額により支払う

当座取引においては，ＪＡと取引先との間で，「手形，小切手を受入れまたは支払う場合には，複記のいかんにかかわらず，所定の金額欄記載の金額（主記といいます）によって取扱う」ことが特約されています（当座勘定規定6条）。このため，ＪＡは当座取引先に対しては，支払う場合も受け入れる場合も，手形・小切手は金額欄に記載された金額によって取り扱わなければならない義務を負っています。

ＪＡが，当座取引先がＪＡを支払場所・支払人として振り出した手

62. 金額の主記と複記が相違する小切手の支払

形・小切手を支払うのは，当座勘定取引契約によって取引先に対する支払委託上の義務を負っている（当座勘定規定7条1項）からであって，所持人に対し支払義務があるからではありません。したがって，ＪＡとすれば，その義務の履行として，当然に当座勘定規定に従った取扱いをしなければなりません。

　もちろん，振出人が文字による複記が誤記であると主張し，持参人がこれを認めれば問題はありません。しかし，当座勘定規定には，小切手法の規定を修正する効力も，第三者を拘束する効力もありませんから，所持人があくまで18万7,000円を主張するのであれば，ＪＡは小切手の振出人である当座取引先に連絡し相談することになります。当座取引先が金額記載欄の17万8,000円の支払を求めたり連絡がとれない場合には，ＪＡとしては，17万8,000円を支払い，小切手の所持人に17万8,000円の支払を受けた旨を小切手に記載してもらったうえで小切手を返戻し，併せて受取証（領収書）の交付を受けるようにするか，所持人に支払呈示を撤回してもらい，直接振出人と交渉するように依頼することになるでしょう。

　ＪＡが17万8,000円を支払う場合は，所持人の主張では一部支払にあたりますが，所持人はその受領を拒むことはできません（小切手法34条2項）。

　この場合，17万8,000円を支払ったことの証拠として，小切手上に一部支払を受けた旨を所持人に記載してもらい，別紙による受取証書の作成を請求するようにします（小切手法34条3項）。差額の9,000円の扱いについては，振出人と所持人の話合いに委ねることになります。

第4章　貯金の解約・払戻し・消滅時効

63. 当座取引解約に伴う
　　　未使用手形・小切手用紙の回収

質問

　当座取引先の甲社が，銀行取引停止処分を受け倒産しました。
　ＪＡは，ただちに当座取引の強制解約手続をとり，手形用紙・小切手用紙の残部を返還するよう付記した解約通知を送付しました。しかし，その後，甲社からは何らの連絡もありません。
　ＪＡには，未使用手形用紙・小切手用紙の回収義務があるのでしょうか。

実務対応

　ＪＡには，当座取引先の未使用手形用紙・小切手用紙を回収しなければならない法律上の義務はないと解されています。
　しかし，手形用紙が悪用され，第三者が損害を受けることはＪＡの信頼にもかかわることですので，相手方が任意に返還しない場合には，放置することなく，可能な範囲で回収努力はすべきです。
　文書による催告や相手の事務所に赴いて引渡しを請求するなどします。また，相手の所在が不明の場合は，近隣の住人に行方をたずねてその経緯を記録しておくなど，相手方に連絡をとることに努めた経緯を明らかにしておくべきでしょう。

63. 当座取引解約に伴う未使用手形・小切手用紙の回収

●**未使用の手形用紙・小切手用紙は悪用されやすい**

当座勘定規定は，当座取引が終了したときは，未使用の手形用紙・小切手用紙を返還することを取引先に義務づけています（同規定25条2項）。これは，取引先が当座取引終了後も手形・小切手を振り出したり，用紙を他人に譲り渡すことを防止するためです。

統一手形用紙や小切手用紙は，ＪＡが自店と当座取引のある取引先にしか交付しませんから，これらの用紙を用いて手形・小切手を振り出す者は，ＪＡから相応の信用を付与されている者としてみられることになります。

未使用の手形用紙や小切手用紙が放置されると，当座取引解約後の取引先や用紙の譲受人が当座取引がないのにもかかわらず手形・小切手を振り出し，流通させる可能性があり，しかもこれらは当然に不渡りとなりますから，所持人に損害を生じさせることにもなりかねません。

まして，用紙の譲受人が他人名義により手形・小切手を偽造した場合には，所持人だけでなく被偽造者も大きな損害を受けることになりかねません。とくに取引先の倒産などを理由に当座貯金を強制解約した場合などでは，取引先の混乱に乗じて未使用の手形用紙や小切手用紙が悪用されることも起こりがちです。

●**判例は金融機関に回収・悪用防止義務はないとしている**

このような事情から，ＪＡには未使用の手形用紙・小切手用紙を回収する義務があるかどうかが問題となります。まず，金融機関の未使用手形用紙等の返還請求権について判例は，当座勘定規定の定めにより「（金融機関）が取引先との当座勘定取引契約を解約した場合において，取引先に交付された手形用紙の未使用分については，当座勘定取引契約に基づき，取引先が控訴人（金融機関）に対しその返還義務

を負い，控訴人（金融機関）が取引先に対しその返還請求権を有することが明らかであるが，右返還請求権を行使するかどうかは，故意に第三者の権利を害するなどの特段の事情のない限り，控訴人（金融機関）が自由に決定し得るものというべきである」（大阪高裁昭和58年11月30日判決（金判691号18頁））としたうえで，金融機関の回収ならびに悪用防止義務については，「手形に対する一般的信用を考えると，銀行は，取引先との当座勘定取引契約を解約した場合において，取引先に交付した手形用紙の未使用分があるときは，その儘放置することなく，右返還請求権に基づき，取引先に対し書面又は口頭で未使用手形用紙を速かに返還すべき旨催告するなどその回収を図るのが相当ではあるが，被控訴人主張のような銀行の取引先の未使用手形用紙に対する回収ないし悪用防止義務については，何らの法的根拠もない」と完全に否定しています（前掲大阪高裁判決）。この訴訟は上告されていますが，最高裁も「（当座取引先）から所論（未使用）の手形用紙を回収すべき義務がないとした原審の判断は，正当」としています（最高裁昭和59年9月21日判決（金判707号3頁））。

　このように判例は，当座勘定取引を解約した金融機関には，未使用の手形用紙等を回収し悪用を防止する法的な義務はないとしていますが，ＪＡの実務としては，とくに倒産を理由に当座取引を強制解約した場合には，相手方に用紙悪用の可能性があることも考慮して，ＪＡの利益擁護のためにも，また手形・小切手の信用維持のためにも，相当の回収努力をする必要があると考えて対応するべきです。まず書面により催告し，取引先がこれに応じなければ一度訪問して口頭により催告します。もし取引先の所在が不明であれば，近隣の者に行先をたずねる程度の対応を行い，それらを記録しておくことで十分でしょう。

第5章

非課税貯蓄

第5章 非課税貯蓄

64. 宗教法人名義の貯金と源泉徴収

質問

来店者より定期貯金の申込みがあり，名義を見ると宗教法人の記載がありました。宗教法人であれば貯金の利子は非課税扱いでよいと思われますが，その確認はどのような方法によるのでしょうか。

また，宗教法人関係であれば，どんな名義による貯金でも利子が非課税扱いとなるのですか。

実務対応

宗教法人からの貯金であることが確認できれば，非課税扱いが可能となり，源泉徴収は不要です。ただし，この場合については，宗教法人登記簿謄本の提示を求め，名称および代表者である代表役員名を確認し，それを貯金名義とする必要があります。

しかし，神社・寺院・教会等がその施設の改修工事のために集めた金銭を信徒・檀家代表名義で貯金した場合には，宗教法人の財産としての貯金ではなく，任意団体の貯金として課税扱いとし，国税（所得税）15％，地方税（住民税）5％の源泉徴収をする必要があります。

解説

●宗教法人とはどのような団体か

宗教法人とは，宗教法人法の規定により設立された宗教団体であり，名称・事務所の所在地・目的・代表役員および責任役員など，一定の事項を記載し

た規則を作成し，所轄庁（都道府県知事もしくは文部科学大臣）の認証を得てから主たる事務所の所在地において設立の登記をすることによって成立します。

なお，所得税法11条の規定により，宗教法人が支払を受ける利子・給付補てん金等については，所得税を課せられることはありません。

宗教法人には，3人以上の責任役員が置かれ，そのうちから原則として互選によって代表役員が1人選任されます。寺院の場合には宗派の規則により，その寺院の住職が代表役員になり，責任役員は檀信徒のうちから代表役員が選任されることもあります。

宗教法人の責任役員と代表役員は，ＪＡの理事と組合長に相当するもので，代表権を有するのは代表役員のみです。また，登記されるのは，代表役員のみで責任役員は登記されません。

●宗教法人の名称と課税区分

宗教法人登記簿の名称欄には，「宗教法人」という文字が記載されている場合と，そうでない場合とがあります。宗教法人法では，名称中に「宗教法人」の文字の使用が義務づけられていませんので，たんに「〇〇寺」や「〇〇神社」という名称だけで登記されている場合も少なくありません。宗教法人の名称を「宗教法人〇〇寺」や「宗教法人〇〇神社」とすると，「宗教法人」が名称の一部となります。

しかし，宗教法人の名称中の「宗教法人」の文字の有無にかかわらず，登記されている以上は，宗教法人法にもとづき設立された宗教法人ですので，宗教法人の財産としての貯金であれば，登記簿謄本に記載されているものと同一の名称および代表役員名義で取引するものについては，非課税扱いとなります。

氏子代表・檀徒代表・信者代表などの名義の貯金は，名義から判断して宗教法人の貯金ではありませんので，非課税扱いとすることはできません。

第5章 非課税貯蓄

65. 公立学校名義貯金の利子課税

質問

公立学校の教師が来店し，「生徒達から集めたものなので，非課税扱いの定期貯金で契約したい」との依頼がありました。名義を見ると，学校名と学年主任という肩書と学年主任と思われる教師の名前が記入されていました。

学校法人から預かる貯金と，子供銀行から預かる貯金は非課税扱いできるとの記憶がありましたが，この場合は非課税扱いとしてよいのでしようか。

実務対応

公立学校名義で預入れされる貯金は，代表者が学校長であれ，教師であれ，課税扱いとしなければなりません。これに対して，私立学校が理事長名義で預入れする貯金については，非課税扱いとすることができます。したがって，学校名で貯金を受け入れるその学校が，公立学校か私立学校かを確認することが必要です。

また，子供銀行から預かる貯金は，児童または生徒の代表者名義で預入れを受け，なおかつ，学校長から子供銀行貯金である旨の証明が受けられるものについてのみ非課税扱いができます。

294

●私立学校と異なり公立学校名義の貯金は課税扱いとなる

解説 公立学校は地方自治法にもとづいて設立される学校で，地方公共団体が運営して，その経費についても地方公共団体の管理下に置かれており，学校長がその運用を任されているわけではありません。

公立学校の校長または教師名義で預入れを依頼される貯金は，父兄から集めた資金がほとんどだと思われます。したがって，資金の性質からいっても任意団体の位置づけとなり，非課税の適用は受けられないことになります。

ただ，公立学校名義の貯金で，その貯金が学校の会計帳簿に記載されていて，事業運営上の経費となるものは，非課税扱いとなります。つまり，集めたお金がその学校の収入となって，予算の支出に充てられるものは非課税となります。

いちおう，上記のような取扱いでいいと思われますが，微妙なケースもありますので，そのような場合は，所管の税務署に相談してみるのがよいでしょう。

一方，私立学校は，私立学校法の規定により設立される学校法人であり，登記することにより成立します。また，学校法人は，所得税法上の非課税法人とされています。

したがって，学校法人から預入れされる貯金および定期積金については，非課税扱いにできます。ただし，預入れの際には，登記簿謄本と寄附行為の提示を受け，学校法人であることと，名称および代表者である理事長を確認し，学校法人の名称と，理事長の肩書に理事長名を付した名義で預入れを受ける必要があります。

●児童・生徒の代表者名義の貯金は非課税扱いとなる

子供銀行とは，児童・生徒自身に金銭を合理的に使う態度を学ばせ，経済的関心を深めるとともに，貯蓄心を養い，金銭に対する正しい観

念を身につけさせる貯蓄実践活動をいい，子供銀行という実態をもたせ，そのなかで，児童・生徒が貯金の受払いや利子の分配を行うものです。

　この子供銀行から，預入れのつど学校長から子供銀行貯金である旨の証明書の提出を受け，児童または生徒の代表者名で貯金を預かる場合は，非課税扱いとすることができます（所得税法9条1項2号，所得税法施行令19条，所得税法施行規則2条）。

　なお，児童・生徒個人の名義による場合は，非課税の対象にはなりませんので，注意が必要です。

66. 非課税貯蓄申告の無効と利子課税

質問

　税務署から「無効な非課税貯蓄申告書の返戻について」という文書が送付されてきました。その文書には「限度超過等の無効通知書」が添付されており，それによると，マル優扱いで定期貯金を契約しているＡさんが，当店よりも早く他の金融機関に非課税貯蓄申告書を提出しているようです。

　このような場合，申告書受理日が遅い当店のマル優貯金を課税扱いしなければならないといわれていますが，今後はどのような処理をする必要があるのでしょうか。

　なお，Ａさんからは300万円の非課税貯蓄申告書受理後に，非課税貯蓄限度額変更申告書により，非課税枠を350万円に増額しており，申告書受理日以降200万円のマル優扱い定期貯金を契約しています。

実務対応

　税務署から無効通知が送達されたときは，早急にＡさんに通知（後掲書式1）して他店のマル優預貯金の有無・残高を確認し，150万円以下であれば，Ａさんが非課税貯蓄申告書を提出している他店に照会（後掲書式2）して，他店のマル優預貯金の残高の証明を受け，あわせて当店のマル優貯金の残高を証明し，「回答書」に添付して所轄税務署に提出します。

第5章　非課税貯蓄

　なお，提出する際には，「無効通知に関する証明書」（後掲書式3）と当店および他店の非課税貯蓄限度額変更申告書（場合により他店の非課税貯蓄廃止申告書）の写しもあわせて添付します。

　しかし，他店のマル優預貯金の残高と，当店のマル優貯金の残高の合計額が350万円（所得税法10条，租税特別措置法3条の4）の非課税限度額を超過することが判明した場合には，課税区分の変更（マル優から源泉分離課税へ）をするとともに，すでに非課税として支払済みの利子についても「無効な非課税貯蓄申告書等の返戻について」に記載のある，徴収しなければならない日付以降支払の確定したものについて，利子税を計算し，貯金者から徴収のうえ納付しなければなりません。

●無効通知書が送付されると必ず利子税を追徴するのか

　解説　限度超過等の無効通知書は，金融機関の複数の店舗が，同一貯金者から受理日を異にして非課税貯蓄申告書を受理し，それぞれの所轄税務署に提出した場合に，各非課税貯蓄申告書等の最高限度額の合計額が，350万円の非課税限度額を超過していることが判明すると，他店経由の非課税貯蓄申告書の受理年月日よりも遅い日付で，非課税貯蓄申告書を受理した店舗に対して送付されます。

　この無効通知が送達されると，当該非課税貯蓄申告書等は無効とされ，マル優扱いの貯金の利子が課税扱いとなるほか，すでに支払済みの利子についても追徴課税の適用を受けることとなります。ただし，当店のマル優貯金の残高と他の金融機関（他店）のマル優貯金の残高の合計額が350万円の非課税限度額以下であれば，引き続き非課税扱いとされ，追徴課税の適用もありません。

66. 非課税貯蓄申告の無効と利子課税

●利子税の追徴課税がない場合

　無効通知書が送達された場合であっても，以下の４項目のいずれかに該当するため，「無効通知に関する証明書」の該当事由に○印を付して，回答書とともに所轄税務署に提出したときは，利子税を徴収する必要はありません。

① 　無効とされた非課税貯蓄申告書等が提出された当初から，当該申告書等にかかる貯金がなく，課税対象がない場合（該当事由の９に○印を付す）。

② 　無効とされた非課税貯蓄申告書等にかかる貯金が無効通知書が到達する前にすでに解約されており，かつ，同一人の他の貯金がない場合（該当事由の３に○印を付す）。

③ 　無効とされた非課税貯蓄申告書等を，既往の非課税貯蓄申告書等の名寄せ等により無効としたことなどから，該当非課税貯蓄申告書等にかかる貯金の利子につき，すでに課税扱いとしている場合（すでに非課税の取扱いにより支払った利子がある場合には，所得税を徴収済みの場合）（該当事由の４に○印を付す）。

④ 　無効とされた非課税貯蓄申告書等の提出者が，他店に提出した非課税貯蓄申告書等にかかる預貯金等の残高の合計額が，これらの非課税貯蓄申告書等の提出日以降において，常時350万円以下であり，かつ，非課税貯蓄限度額変更申告書または非課税貯蓄廃止申告書が提出され，その提出者が提出したすべての非課税貯蓄申告書にかかる最高限度額の合計額が350万円以下に改められた場合で，当該非課税貯蓄限度額変更申告書または非課税貯蓄廃止申告書の写しとともに，すべての非課税貯蓄申告書等にかかる預貯金の合計額が常時350万円以下であることを明らかにした「非課税貯蓄申告書に関する証明」を所轄税務署に提出することが可能な場合（該当事由の６に○を付す）。

第5章　非課税貯蓄

●追徴課税が必要な場合

前記の追徴課税の適用除外となる場合の4項目のどれにも該当しない場合については，当該非課税貯蓄申告書等は無効となるため，利子税の納付が必要となります。

(1) 利子税の取扱い

まず，当該マル優貯蓄貯金の課税区分の変更（マル優から源泉分離課税）が必要であり，次に，すでに非課税扱いとして支払済みの利子についても「無効な非課税貯蓄申告書等の返戻について」に記載のある，徴収しなければならない日付以降支払の確定したものについて，国税（所得税）15％および地方税（住民税）5％をそれぞれ計算し，貯金者から徴収して納付する必要があります。納付する際には通常の納付分とは区別して別の用紙を使用し，適用欄に「マル優無効分」と表示します。

(2) 延滞税（延滞金）の取扱い

利子税納付後に延滞税（地方税の場合は延滞金）が発生する場合には，税務署および県税事務所より請求があります。ただし，延滞税（延滞金）については源泉徴収義務者である金融機関が負担すべきものであるため，貯金者に請求することはできません。

◎書式１・非課税貯蓄の限度額超過についてのお知らせ

　　　　　　　　　　　　　　　平成　　年　　月　　日
　　　　　　　　様
　　　　　　　　　　農業協同組合　　　　支店（所）

　　　　非課税貯蓄の限度額超過についてのお知らせ

　毎度お引きたてにあずかり，ありがとうございます。
　さて，当店は，あなた様から非課税貯蓄申告書(㊙申告書)を平成
　年　　月　　日付で受理いたし，税務署へ提出しておりましたが，この
たび税務署から，この申告書については，すでに当店以外の金融機関の
店舗から提出されておりました申告書と合計いたしますと，350万円の
非課税限度を超えるため無効である旨通知があり，非課税の取扱いはで
きないことになりました。
　つきましては，すでに非課税の取扱いをして，あなた様にお支払いい
たしました貯金のお利息がある場合には，課税額相当分について追って
ご連絡申しあげますので，その節はまことに恐縮でございますが，当店
にお支払いくださいますようお願い申しあげます。
　ただし，下記の場合には非課税の扱いが受けられますので，課税相当
分のお支払いは必要ありません。また，今後とも当店における預貯金は
非課税の扱いが受けられます。
　　　　　　　　　　　　　　記
○　当店以外の金融機関の店舗における㊙預貯金等の残高が，平成
　　年　　月　　日(当店があなた様から非課税貯蓄申告書を受理した日)
　以後，次の(1)または(2)の場合には，非課税貯蓄廃止申告書または非課
　税貯蓄限度額変更申告書を提出していただければ，非課税のお取扱い
　ができます。
　(1)「0」または付利単位（定期預貯金１円，普通預貯金1,000円）未満
　(2)当店にお預けいただいている貯金と合算して，350万円以下
○　この手続をおとりになる場合には，まことにおそれいりますが，次
　の「貴店以外の金融機関の店舗における㊙預貯金等の状況」にご記入
　のうえ，　　月　　日までにご返送くださいますようお願い申しあげ
　ます。また，ご不明の点がございましたら，お早めに当店＿＿＿まで
　ご連絡くださるか，印章持参のうえご来店くださいますようお願い申
　しあげます。
　　　　　　　　　　　　　　　　　　　　　　　　　　　以上

第5章　非課税貯蓄

◎書式2・非課税貯蓄申告書に関する証明方お願い

平成　　年　　月　　日

銀行　　　　支店　殿

農業協同組合　　　　支店（所）

押切印

非課税貯蓄申告書に関する証明方お願い

　このたび，当店が受理した　　　　　　殿にかかる非課税貯蓄申告書（限度額変更申告書を含む。以下同じ）は，すでに貴店が同人から受理していた非課税貯蓄申告書の最高残高と合計いたしますと非課税の限度額を超えるため無効である旨税務署から指摘されました。

　このことについて貯金者に照会いたしましたところ，同人は，当店が申告書を受理した平成　　年　　月　　日以後においては，①貴店における預貯金等の最高残高は零または付利単位未満，②貴店における預貯金等の最高残高と当店における最高残高との合計額は非課税限度以下である旨申しておりますから，これを証明してくださるようお願い申しあげます。

　なお，この証明にあたっては，①に該当する場合には廃止申告書，②に該当する場合には限度額変更申告書または廃止申告書の受理の手続をとっていただき，当該申告書を貴店の所轄税務署に提出していただくとともに，その写しを受理日以後10日以内に証明書とともに当店へご返送くださいますようあわせてお願い申しあげます。

以上

◎書式３・無効通知に関する証明書

　　　　　　　　　　　　　　　　　　平成　　年　　月　　日
　　税務署長　殿
　　　　　　　　　　　　　　農業協同組合　　　　支店（所）
　　　　　　　　　　　　　　支店（所）長　　　　　　　㊞

無効通知に関する証明書

　先般，通知を受けました別添の回答書における非課税貯蓄申告書等については，当該申告書等を受理する際に，所得税法第10条第5項に規定する貯金者の住所・氏名・生年月日ならびに障害者等の事実の確認義務を確実に履行しており，かつ，下記の○印を付した事由に該当するものであることを証明いたします。

記

１．無効とされた申告書等の提出者が当該申告書等に記載された住所地等から他の住所地等に異動している。

２．無効通知の通知日現在，貯金者の住所が不明であって，無効とされた申告書等にかかる預貯金等がすでに解約されており，かつ，同一人の他の預貯金等（名義は異なるが同一人の預貯金等と認められる場合を含む）がない。

３．無効とされた申告書等にかかる預貯金等が当該通知書の到達する前にすでに解約されており，かつ，同一人の他の預貯金等（名義は異なるが同一人の預貯金等と認められる場合を含む）がない。

４．無効とされた申告書等について，既往の申告書等の名寄せ等により無効とされていることなどから，当該申告書等にかかる預貯金等の利子についてすでに課税扱いとし，すでに非課税扱いで支払った利子がある場合に追徴課税済みである。

５．有効とされる申告書等にかかる預貯金等の残高と無効とされた申告書等にかかる預貯金等の残高との合計額が，これらの申告書等の提出日以降常時有効とされる申告書等の限度額以下である。

６．有効とされる申告書等にかかる預貯金等の残高と無効とされた申告書等にかかる預貯金等の残高との合計額が，これらの申告書等の提出日以降常時350万円以下である。

７．無効とされた申告書等に同姓同名・同一生年月日の別人が提出した申告書等が含まれている。

８．限度額超過等申告書の通知書が送付された申告書等について，既往の申告書等の名寄せ等により，すでに平成　　年　　月　　日付で有効の旨回答済みである。

９．無効とされた申告書等が提出された当初から，当該申告書等にかかる預貯金等がない。

　　　　　　　　　　　　　　　　　　　　　　　　　　以上

第5章　非課税貯蓄

67. 長期間預入れがない 非課税貯蓄申告書の取扱い

質問

長期間マル優貯金を預入れしていない顧客が数人います。現在では，これらの顧客との取引はいっさいなく，これから取引が復活するとは思えません。

非課税貯蓄の廃止については，顧客から非課税貯蓄廃止申告書の提出を受けなければならないのでしょうか。

実務対応

非課税貯蓄廃止申告書の提出がない場合でも，当該申告書にかかるマル優貯金を有しないこととなった日以後2年を経過する日の属する年の12月31日までに新たなマル優貯金の預入れがなければ，その翌年の1月1日に非課税貯蓄廃止申告書の提出があったものとみなされるため，ＪＡにおいて「非課税貯蓄みなし廃止通知書」を作成し，非課税廃止の取扱いをすることができます。

なお，「非課税貯蓄みなし廃止通知書」（書式）は，提出があったものとみなされた日（毎年1月1日）の属する月の翌月10日（毎年2月10日）までに自店の所轄税務署に提出します。

67. 長期間預入れがない非課税貯蓄申告書の取扱い

●マル優のみなし廃止とはどのようなことか

解説 貯金者が，非課税貯蓄申告書にかかるマル優貯金を有しないことになった日以後2年を経過する日の属する年の12月31日までに新たなマル優貯金の預入れがなかったときは，その翌年の1月1日に非課税貯蓄廃止申告書の提出があったものとみなされます（所得税法施行令45条4項）。これが「マル優のみなし廃止」といわれている取扱いであり，これにより当該申告書は自動的に失効することになります。

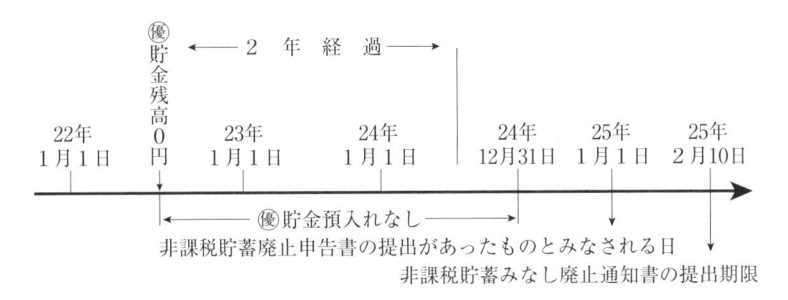

```
          ㊗貯金残高0円  ←─ 2 年 経 過 ─→
  22年     |           23年         24年      24年      25年      25年
  1月1日    |           1月1日       1月1日    12月31日   1月1日    2月10日
──┼────────┼──────────┼───────────┼─────────┼─────────┼─────────→
           └─────── ㊗貯金預入れなし ───────┘
              非課税貯蓄廃止申告書の提出があったものとみなされる日
                            非課税貯蓄みなし廃止通知書の提出期限
```

「貯金を有しない」というのは，実際のマル優貯金の残高が「0」である場合をいい，普通貯金・貯蓄貯金等の当座性貯金をマル限方式（最高限度額方式）で契約している場合については，解約されていなくても実際の残高が「0」であれば，みなし廃止の対象となります。また，総合口座の普通貯金をマル限方式で契約している場合については，残高が貸越となっていれば，みなし廃止の対象となります。

●非課税貯蓄みなし廃止通知書の作成と提出

ＪＡが作成する「非課税貯蓄みなし廃止通知書」には，以下の事項を記載します（所得税法施行規則9条2項）。

① 当該申告者の住所・氏名・生年月日
② 当該申告書に記載された預貯金等の種別
③ 非課税貯蓄申告書に記載した最高限度額。ただし，非課税貯蓄

第5章 非課税貯蓄

　　　限度額変更申告書が提出されている場合には変更後の最高限度額
　④　非課税貯蓄廃止申告書の提出があったものとみなされる年月日
　⑤　その他参考となるべき事項

「非課税貯蓄みなし廃止通知書」は，2月10日までに所轄税務署に提出します。「非課税貯蓄みなし廃止通知書」の非課税貯蓄廃止申告書の提出があったものとみなされる日は必ず1月1日であるため，所轄税務署への提出期限は翌月である2月10日となります。

　また，ＪＡは「非課税貯蓄みなし廃止通知書」の「写し」を保管し，非課税貯蓄廃止申告書の提出があったものとみなされる日の翌年から5年間保管します（所得税法施行規則13条1項1号）。

　みなし廃止の対象となった顧客から，廃止申告書の提出があったものとみなされる日（1月1日）以降，マル優貯金の申込みがあった場合には，あらためて非課税貯蓄申告書を提出してもらいます。

◎非課税貯蓄みなし廃止通知書

非課税貯蓄みなし廃止通知書							
税務署長殿				平成　年　月　日			
貯蓄の受入機関の営業所等	所　在　地						
	名　　　称						
	営業所番号						

　下記の者につき所得税法施行令第45条第4項の規定により，非課税貯蓄廃止申告書の提出があったものとみなされたので，同条第5項の規定により，この旨通知します。

郵便番号		-					
フリガナ 住　　所							
フリガナ 氏　　名				生年月日	平成　昭和　大正　明治 年　　　月　　　日		
最高限度額	万円	種別	1預貯金　2合同運用信託　3有価証券				
非課税貯蓄廃止申告書の提出があったものとみなされる日				平成	年	月 1	日 1
（摘　要）							

68. マル優貯金者の死亡と利子課税

質問

死亡した貯金者の長男が来店し,「父はマル優扱いで定期貯金を預入れしていましたが,私がその貯金を相続しても,満期までは引き続き非課税の適用を受けることができますか」と質問されました。
マル優貯金者が死亡した場合の課税区分は,どのように取り扱わなければならないのでしょうか。

実務対応

貯金者が死亡した場合には,利用者情報に「本人死亡」の事故設定をし,支払を差し止めておき,その後に,戸籍謄本等により相続人を確認し,相続人全員の依頼を受けて,払戻しまたは名義変更をするのが一般的です。死亡した貯金者がマル優貯金者である場合には,定期貯金については,死亡日までの期間に対応する利子については非課税,その後の期間に対応する利子については課税という分かち計算をします。

ただし,マル優貯金者の死亡日の翌日おいて,その貯金の相続人がマル優の有資格者であり,非課税限度額の範囲内で当該貯金を相続できる場合に限り,非課税の適用を受けることができます。

そこで,相続人がこの貯金につき非課税の適用を受けられるかどうかを確認し,それぞれ必要な諸手続を行わなければなりません(詳細は「解説」で説明)。

相続人の要求に応じて便宜的な取扱いをしたり,貯金者の死亡後

も，非課税のまま継続されていることがないよう，注意することが大切です。

●マル優貯金者死亡後もマル優扱いが受けられる条件

解説 非課税貯蓄申告書を提出している貯金者が死亡した場合に，その者の貯金利子については，死亡日の属する利子計算期間について次のようにマル優の適用が受けられます。

① 定期貯金等については，その死亡した日を含む利子等の計算期間に対応する利子等のうち，死亡した日までの期間に対応する利子等（所得税基本通達10－21(2)イ）（次頁図1）。

② 普通貯金・貯蓄貯金等については，その死亡した日を含む利子等の計算期間に対応する利子等（所得税基本通達10－21(2)ロ）（次頁図2）。

相続人から「非課税貯金者死亡届出書」または，「非課税貯蓄者死亡通知書」が提出されたかどうかにかかわらず，上記①，②の期間に対応した利子等は非課税となります。

なお，この取扱いは，マル優と同様の制度である特別マル優についても適用されます。

したがって，定期貯金については，死亡日の属する利子計算期間にかかる利子に対し，死亡日までの利子を非課税扱いとし，死亡日の翌日以後の利子を課税扱いとするために，分かち計算をする必要があります。

なお，利子計算期間中に金利が変動する商品である変動金利定期貯金，収益満期一括利払型の商品である期日指定定期貯金や複利型のスーパー定期等については，利子の額は死亡日の属する利子計算期間中に均等に発生したものとして，その支払うべき利子の総額に対して

68. マル優貯金者の死亡と利子課税

<図1> 定期貯金等の非課税・課税の区分の例

① 満期までの間に死亡した場合

| 非 課 税 | 課 税 |

契約日　　　死亡日　　　満期日

② 期流れ期間中に死亡した場合

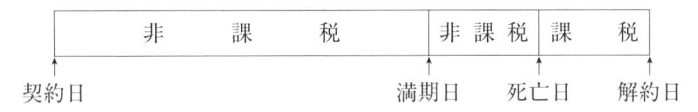

| 非 課 税 | 非課税 | 課税 |

契約日　　　　　　満期日　死亡日　解約日

③ 積立定期貯金の満期日までの間に死亡した場合

非課税	課税	課税
非課税	課税	課税
非課税	課税	課税

契約日　　　死亡日　利息元加日　　利息元加日

<図2> 普通貯金・貯蓄貯金の非課税・課税の区分の例

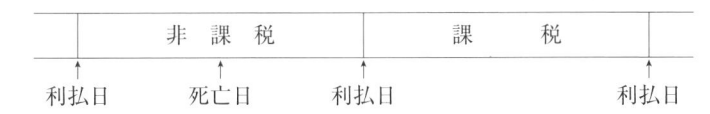

| 非 課 税 | 課 税 |

利払日　死亡日　利払日　　　　利払日

　死亡日までの日数にかかる利子を非課税扱いとし，死亡日の翌日以後の日数にかかる利子を課税扱いとする方法による分かち計算を行います。そして，死亡日の翌日以後の課税対象利子に対して，15％の国税（所得税）と5％の地方税（住民税）の各税額を算出します。

　マル優扱いの定期貯金を相続した相続人が，貯金者死亡の日の翌日以後の利子について引き続き非課税の適用を受けられるかどうかに

よって，相続人とＪＡは，それぞれ次の手続を行うことが必要となります。

普通貯金等については，死亡した日を含む利子計算期間の次の利子計算期間から課税扱いとされます。

●被相続人がマル優契約していた場合の相続人の必要手続

非課税貯蓄申告書を提出している貯金者が死亡したときは，その相続人は相続開始日以降最初に利子が支払われる日までに「非課税貯蓄者死亡届出書」を，ＪＡに提出することとされています。

この「非課税貯蓄者死亡届出書」の提出を受けた場合，または業務に関連して非課税貯蓄申告書を提出している貯金者の死亡を知った場合には，「非課税貯蓄者死亡通知書」（書式）をＪＡで作成し，提出を受けた日または死亡を知った日の属する月の翌月10日までに所轄税務署に提出します。

相続人は，次に説明する「非課税貯蓄相続申告書」を提出できないときは，貯蓄者死亡の日以後の期間に対応する定期貯金の利子については，非課税の適用は受けられなくなるので（所得税法施行令46条にもとづく処理），当該貯金について課税区分の変更（マル優から源泉分離課税）が必要となります。

●相続人が引き続き非課税の適用を受けられる場合とは

マル優扱いの定期貯金を相続する相続人が以下の要件を満たしている場合には，「非課税貯蓄者死亡通知書」の所轄税務署への提出にあわせて，相続開始後最初の利払日までに，当該貯金を預入れしている店舗に「非課税貯蓄相続申込書」を提出してもらうことにより，貯金者死亡の日の翌日以後の利子について，引き続き非課税の適用を受けることができます（所得税法施行令47条にもとづく処理）。

① 当該マル優貯金を相続する相続人が，被相続人の死亡の翌日において，マル優の有資格者であること。

② その相続人が当該貯金を預入れしている店舗にまだ「非課税貯蓄申告書」を提出していない場合は、「非課税貯蓄相続申込書」とあわせて提出できること。
③ その相続人がすでに「非課税貯蓄申告書」を提出している場合には、限度額の範囲内で当該貯金を受け入れることができること。
④ 前記③の場合で、限度額の範囲内では当該貯金を受け入れることはできないが、他金融機関の申告を廃止または減額することにより、限度額を350万円以内で増加させることができ、受入れが可能となる場合には、「非課税貯蓄限度額変更申告書」を提出すること。

◎非課税貯蓄者死亡通知書

非課税貯蓄者死亡通知書								
税務署長殿						平成　年　月　日		
貯蓄の受入機関の営業所等	所　在　地							
	名　　　称							
	営業所番号							
下記の者が死亡しましたので、所得税法施行令第46条第2項の規定により、この旨通知します。								
郵便番号		—						
フリガナ 住　　所								
フリガナ 氏　　名							生年 月日	平成 昭和 大正 明治 　年　月　日	
種　　別	1預貯金	2合同運用信託		3有価証券	最高限度額	1預貯金		万円
死亡年月日	平成　　年　　月　　日					2合同運用信託		
						3有価証券		
					死亡届出書受理日	平成　年　月　日		

311

第 5 章　非課税貯蓄

69. 貯金者のマル優利用資格の喪失

質問

　児童扶養手当の受給者であるため，マル優貯金を契約しているＡさんが来店し，「子供が18歳になり児童扶養手当が受けられなくなったので，マル優について必要な手続があれば済ませておきたい」との申出を受け，あわせて「現在マル優扱いで定期貯金をしていますが，この取扱いはどうなるのですか」という質問も受けました。
　今まで廃止申告書を受理して手続をしたことはありますが，このような場合であっても廃止申告書の提出を受けて，課税区分の変更をしておけばよいのでしょうか。

実務対応

　遺族年金・障害年金や児童扶養手当等の受給資格の喪失は，同時に，マル優の利用資格を喪失したことになります。このため，マル優貯金者がマル優の利用資格を喪失した場合には，当該貯金者より「非課税貯蓄に関する資格喪失届出書」の提出を受けることとなります。
　この場合，資格喪失後に契約するものについては課税扱いになりますが，資格喪失時にすでにマル優扱いで預入れしているものについては，定期貯金であれば満期までの利子および期日後利子について，また，普通貯金・貯蓄貯金等の当座性貯金であれば，資格喪失日を含む利子計算期間中の利子については非課税扱いとすることができます。

69. 貯金者のマル優利用資格の喪失

しかし，資格喪失に伴う「非課税貯蓄廃止申告書」の提出を受けると，受理日以後に支払う利子は全額課税扱いとなってしまうため，受理してはいけません。ただし，資格喪失日に利子非課税の対象となるべきマル優貯金がない場合だけは，受理します。

なお，資格喪失の事実をＪＡに届け出ないでマル優扱いの貯金をし，非課税のまま利子の支払を受けたときは，追徴課税の対象となりますので，注意が必要です。

●マル優資格の喪失によって課税関係はどうなるか

解説　マル優貯蓄者が，マル限方式（最高限度額方式）の非課税貯蓄申込書を提出している場合，および申請書方式を採用している場合で，マル優利用資格者に該当しなくなった場合には，当該金融機関の店舗にその旨を記載した「非課税貯蓄に関する資格喪失届出書」を提出しなければならないことになっています（所得税法施行令35条4項，所得税法施行規則7条7項）。マル優利用資格者に該当しなくなった場合とは，寡婦の再婚・障害の回復等により遺族年金や障害年金等の受給資格を失った場合や，各種の年金や手当の受給資格者に該当しなくなった場合等をいいます。年金・手当等の受給の資格喪失に伴う利子税の課税関係は，次のとおりとなります。

(1) **マル限方式（最高限度額方式）でない場合**

預入れ時に有資格者であれば，その後に資格を喪失しても，中途解約利子・中間払利子・満期利子および期日後利子についてはいずれも非課税扱いとなります。ただし，資格喪失後に契約（継続）するものについては課税扱いとなります（次頁図１）。

また，スーパー定期２年ものの中間払利子を子定期にする場合には，子定期預入れ時に資格を喪失していると，子定期の利子について

第5章　非課税貯蓄

＜図１＞

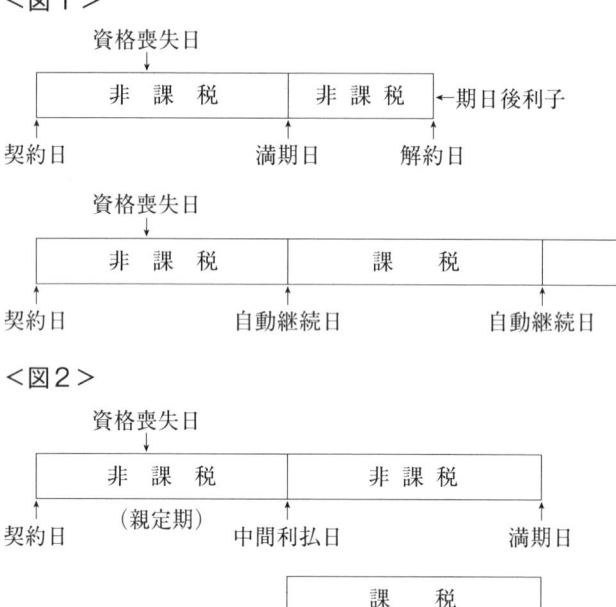

```
            資格喪失日
               ↓
    ┌──────────────┬──────────────┐
    │   非　課　税   │   非　課　税   │← 期日後利子
    └──────────────┴──────────────┘
    ↑              ↑              ↑
   契約日          満期日         解約日

            資格喪失日
               ↓
    ┌──────────────┬──────────────┐
    │   非　課　税   │   課　　税    │
    └──────────────┴──────────────┘
    ↑              ↑              ↑
   契約日        自動継続日      自動継続日
```

＜図２＞

```
            資格喪失日
               ↓
    ┌──────────────┬──────────────┐
    │   非　課　税   │   非　課　税   │
    └──────────────┴──────────────┘
    ↑    （親定期）  ↑              ↑
   契約日         中間利払日       満期日

                   ┌──────────────┐
                   │   課　　税    │
                   └──────────────┘
                   ↑ （子定期）    ↑
                  契約日          満期日
```

は課税扱いとなります（図２）。

(2) マル限方式（最高限度額方式）の場合

① 普通貯金・貯蓄貯金等の当座性貯金の場合

資格喪失日を含む利子計算期間中の利子は非課税扱いとなり，翌利子計算期間以後の利子は課税扱いとなります。

```
            資格喪失日
               ↓
    ┌──────────────┬──────────────┐
    │   非　課　税   │   課　　税    │
    └──────────────┴──────────────┘
    ↑              ↑              ↑
  前回利払日      今回利払日      次回利払日
```

② 積立定期貯金等の定期性貯金の場合

資格喪失日より前に預入れされたものについては，満期日までは非

課税扱いとなり，資格喪失日以後に預入れ（継続）されたものについては課税扱いとなります。

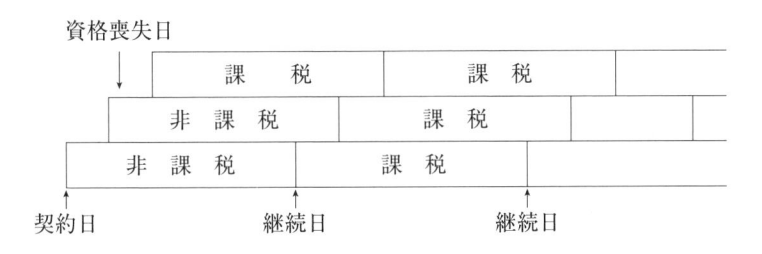

```
資格喪失日
    ↓
    ├──課　税──┼──課　税──┤
  ├──非　課　税──┼──課　税──┤
├──非　課　税──┼──課　税──┤
↑              ↑            ↑
契約日          継続日        継続日
```

●資格喪失日とは

　年金・手当等の「受給資格を喪失した日」とは，資格喪失届出書の提出日ではなく，資格の喪失日をいいます。そして，その日は同時にマル優貯金の利用資格の喪失日でもあります。したがって，定期貯金を例にとると，資格喪失届出書の提出日以後に預入れされたものは課税扱いになることはもとより，資格喪失日以後に預入れされたものも課税扱いになります。

　資格喪失届出書には，次の事項を記載することになっています（所得税法施行規則6条2項）。

① 　提出者の住所・氏名・生年月日
② 　資格喪失の年月日および資格喪失の事実
③ 　非課税貯蓄申告書に記載してある預貯金等の種別
④ 　その他参考となるべき事項

　なお，「非課税貯蓄に関する資格喪失届出書」については，所轄税務署への提出は不要とされているため，当該貯金者の申告書等に添付し，受理した日の翌年から5年間ＪＡにおいて保管するのが法令の定めですが（所得税法施行規則13条1項6号），利用者保護の観点から，税法上の除斥期間の最長期間（国税通則法70条4項）に合わせて，保存期間の計算開始日から7年間保存するようにすべきです。

第5章 非課税貯蓄

70. 非課税限度額を超過した財形住宅貯金

質問

財形住宅貯金者から「今月分の積立をすると非課税限度額をオーバーしてしまうが、住宅建設はまだ数年先になる見込みなのでどうしたらよいか」という質問を受けました。

非課税限度額を超過すると課税扱いになることはわかっていますが、その後の取扱いはどのようにすればよいでしょうか。

実務対応

非課税限度額をオーバーした場合は、非課税限度額の元本に対応する部分も含めて、それ以降に生じるすべての利子について、一律20％（国税（所得税）15％、地方税（住民税）5％）の源泉分離課税が適用されますが、残高が非課税限度額をオーバーした後も、引き続き当該契約は存続させることが可能であるため、課税扱いのまま積立を継続してもらうことが適当です。

解説

●財形住宅貯金が課税扱いになる場合

財形住宅貯金について、以下に掲げる事情が発生すると、租税特別措置法施行令等に定める不適格事由に該当し、課税扱いになります。

① 積立期間中に退職・転任等により勤労者に該当しないことに

70. 非課税限度額を超過した財形住宅貯金

なった場合
② 非課税限度額を超過した場合
③ 2年以上の預入れの中断があった場合
④ 海外転勤者について継続不適格事由が生じた場合
⑤ 死亡した場合
⑥ 目的外払出しがあった場合
⑦ 住宅の取得前に一部払出しをした後に残額を払い出す場合において，払出しの日から2年以内かつ住宅取得日から1年以内に払い出さなかった場合

なお，⑥，⑦については，解約日に支払われる利子に対して課税されるのはもとより，解約日の前日から過去5年間に非課税で支払われた利子に対しても，20％の遡及課税が適用されます（租税特別措置法4条の2第9項，租税特別措置法施行令2条の16）。

財形住宅貯金が非課税限度額を超えて預入れされたかどうかは，その日の最終残高により判定します（租税特別措置法施行令2条の11第4項）。

一時的に非課税限度額が超過しても，その後に増改築のために残高の一部を必要額として払出しをすると，残高が非課税限度額内に戻ることが考えられます。しかし，一度課税扱いになった財形住宅貯金は非課税扱いが復活することはありません（租税特別措置法（所得税関係）通達4の2-18）。

●非課税の適用を受けるために

住宅建設を当初の計画より延期する場合には，非課税扱いを受けられなくなる可能性が高くなりますが，延期する期間と非課税限度額内での積立可能額との関係で，積立を中断するか，積立額を減額することにより，非課税限度額を超過しないようにすることもできる場合があります。

第5章　非課税貯蓄

　ただし，積立を中断する場合については，中断期間が2年以上になると不適格事由に該当し，課税扱いになってしまいますので，中断期間は2年未満に抑える必要があります。

　財形住宅貯金の取扱いおよび課税関係は，勤労者財産形成促進法をはじめとする各種の法令や通達に規定されています。したがって，事務処理にあたってはこれらの規定を理解し，適正な取扱いをすることが要求されます。

71. 非課税限度額を超過した財形年金貯金

質問

財形年金貯金の残高が、非課税限度額を超過しそうな契約があります。契約当初は、超過しないように積立期間と積立額を設定しましたが、一時期の高金利の時の利息の元加が影響してしまいました。

課税扱いの財形年金は認められないという原則どおり、解約する以外に方法はないのでしょうか。

実務対応

積立額と利息を合計して、550万円までを非課税限度額としていますが、非課税限度額を超えることとなっても、課税の年金財形として引き続いて積み立てることができることとなっています。この場合、遡及課税は行われませんが、年金以上の受取りすなわち中途解約を行うと、遡及課税の対象となります。

解説

●積立期間中に非課税限度額を超過する場合

財形年金貯金が、課税扱いになる要件としては、次のようなケースがあります。

① 積立期間中に退職・役員昇格等により勤労者に該当しないことになった。
② 残高が非課税限度額を超過した。
③ 2年以上の預入れの中断があった。

319

④　海外転勤者について継続不適格事由（海外転勤期間7年超）が生じた。
⑤　目的外払出しがあった。
⑥　非課税年金貯蓄申告書の提出がなかった。

前記で課税扱いになったものについては，非課税に戻ることなく，課税扱いのままとなります。また，貯金者が死亡した場合については，死亡日以降に発生する利息が課税扱いとなります。

年金支払以外の目的外支払があった場合は，財形年金貯蓄契約は終了し，解約がないときは普通の貯金契約のみの存続となります。年金以外の払出しを行った場合，死亡・重度障害およびその他やむをえない場合を除いては，積立期間中，据置期間中および年金支払開始後5年以内においては，払出日前5年以内に支払われた利子等が遡及して課税（国税（所得税）15％，地方税（住民税）5％）されます。

財形年金契約者は，最終積立日の2か月後の応当日までに「財産形成年金貯蓄の非課税適用確認申告書」を勤務先を経由して金融機関に提出することになっていますが，課税扱いで継続する場合はこれを提出することができません。また，当該申告書が期日までに未提出の場合には，提出期限の翌日の時点で，「財産形成非課税年金貯蓄廃止申告書」が提出されたものとみなされます。なお，廃止申告書は課税となった時点で提出することもできます。

●据置期間中に非課税限度額を超過する場合

据置期間中に金利の上昇により，非課税限度額を超過する場合には，超過にかかる利子全額を払い出すことにより，引き続き非課税扱いとすることが可能です（勤労者財産形成促進法6条2項1号ハ）。

システム上では，利子の元加により非課税限度額が超過する場合には，その利子を自動的に受取口座に入金しますので，実務上は払い出す必要はありません。

72. 財形住宅貯金払出し時の確認事項

質問

取引先であるAさんが来店し,「住宅を新築したので,財形貯蓄を解約してもらいたい」と,財形住宅貯金契約の証書を提示しました。

Aさんが住宅を建て替えていることは,渉外担当者が話題にしていたので知っていましたし,印鑑照合も注意深く行いましたが,財形住宅貯金の払出しに際して,確認書類や確認しなければならない点は何でしょうか。

実務対応

財形住宅貯金の払出しは,一定の要件を満たす持家としての住宅の取得や,増改築等の支払に充当する場合に限定され,それ以外の目的で払出しを行うと,払出し時に発生する利子はもとより,過去5年間に非課税として支払をした利子についても課税扱いとなってしまいます。したがって,払出しの際には,真に住宅の取得等がなされたこと,払出しが法定期限内であること,取得した住宅が要件に適合していること,増改築等が適格な工事であること等について,法定されている確認書類を徴求し,確認する必要があります。

また,目的外払出しの場合に限らず,確認書類により持家としての要件を満たさないことが判明した場合や,法定期限内に払出しが行われなかった場合にも,払出し時に発生する利子が課税扱いになるとと

321

第5章　非課税貯蓄

もに，過去5年間に非課税として支払をした利子についても，追徴課税扱いになることを認識する必要があります。

　質問のような住宅の新築に伴う払出し時の確認事項および確認書類は次のとおりです。

確　認　事　項	確　認　書　類
・住宅を取得したこと ・住宅を取得した日から1年以内に払出し等がなされること（住宅所得の年月日） ・床面積が50m^{2}以上（マンション等は壁の内側面積）であること	住宅の登記簿謄（抄）本（登記事項証明書） または 住宅の建設工事の請負契約書の写し
・住宅が勤労者の住所に存在すること（住宅の所在地）	住民票の写し または住民票記載事項証明書 または在留カード および住宅の登記簿謄（抄）本（登記事項証明書）
・取得費の額（頭金等の額）および借入金（注）等の額の合計額が財形住宅貯金の払出金額以上であること	住宅の建設工事の請負契約書の写し または 左の事実を証する領収書等

（注）　借入金は，当該持家の取得等のための対価の全部または一部の支払に充てるために借り入れた借入金で，当該持家の取得等の日から1年以内に一括して償還する方法により償還することとされているものに限定されます（勤労者財産形成促進法施行規則1条の15）。

●適格払出しのための確認事項と徴求書類

解説　財形住宅貯金を払い出すことによって，取得または増改築等をすることができる住宅の要件および提出書類等については，勤労者財産形成促進法施行規則に規定されています。ただし，確認事項および確認書類については，新築・購入・増改築等によりちがいがあります。

　次のページに，住宅購入の場合の確認事項と確認書類を記載しておきます。

●適格払出しの方法

　財形住宅貯金の払出しの時期および方法については，勤労者財産形

72．財形住宅貯金払出し時の確認事項

住宅（中古住宅を含む）の購入の場合

確 認 事 項	確 認 書 類
・住宅を取得したこと ・住宅を取得した日から1年以内に払出し等がなされること（住宅取得の年月日） ・床面積が50m^{2}以上であること	住宅の登記簿謄（抄）本（登記事項証明書） または 住宅の売買契約書の写し
・住宅が勤労者の住所に存在すること（住宅の所在地）	住民票の写し または住民票記載事項証明書 または在留カード および住宅の登記簿謄（抄）本（登記事項証明書）
・取得費の額および借入金（注）等の額の合計額が財形住宅貯金の払出金額以上であること	住宅の売買契約書の写し または 左の事実を証する領収書等
・次のいずれかに該当すること。	
(1) 取得の日以前20年（耐火構造住宅の場合には25年）以内に建設されたものであること（住宅取得の年月日）	次のいずれかの書類 ① 住宅の登記簿謄（抄）本またはこれらの写し ② 住宅の登記事項証明書またはその写し
(2) 建築基準法施行令または租税特別措置法施行令の規定にもとづく一定の地震に対する安全性にかかる基準に適合するものであること	租税特別措置法施行規則18条の21第13項に規定する耐震基準適合証明書（様式20）の写し

（注） 前掲表の（注）に同じ。

成促進法施行令14条1項に，以下の3通りのうちいずれかによることとされています。

(1) 持家の取得または増改築等の後に払い出す場合

持家の取得または増改築等の後，1年以内に住宅の登記簿謄（抄）本等前述した確認書類を金融機関に提出して払い出す方法。

(2) 持家の取得または増改築等の前に払い出す場合

持家の取得または増改築等の前に工事請負契約書の写し，または売買契約書の写しを金融機関に提出し，財形住宅貯金の残高の10分の9または取得等に要する費用の額のいずれか低い額を払い出し，その払出しの日から2年以内または持家の取得等の日から1年以内のいず

323

れか早い日までの間に，住宅の登記簿謄（抄）本等前述した確認書類を金融機関に提出する方法。

(3) **持家の取得または増改築等の前後に払い出す場合**

上記(2)の払出しをした場合において，持家の取得等に要する費用の額が払い出した金額を超えているときは，払い出した日から2年以内または持家の取得等の日から1年以内のいずれか早い日までの間に，住宅の登記簿謄（抄）本等前述した確認書類を金融機関に提出して，超えている部分の額以下の金額を払い出す方法。

●住民票の写しが確認できない場合の取扱い

財形住宅貯金者が，住宅の取得等に伴う適格な払出しのための必要書類として，住民票の写しがありますが，転勤等のやむをえない事情により提出できない場合については，当該住宅に配偶者または扶養親族が同居するなど一定の要件を満たせば，適格な払出しと認められます。ただし，この場合には，以下の3点の書類を金融機関に提出することとされています（勤労者財産形成促進法施行規則1条の13第1号ロ）。

① 勤労者財産形成住宅貯蓄の払出しにかかる申出書

　この申出書は，転勤その他のやむをえない事情が解消した後は，取得等した住宅に居住するものであることについて，貯金者がその意思を申し出るものです。

② 転勤その他やむをえない事情等の証明書

　この証明書は，取得等した住宅が貯金者の住所に存しないことについて，転勤その他のやむをえない事情があることおよび貯金者の配偶者または扶養親族である者の氏名を事業主が証明するものです。

③ 取得等した住宅に居住する貯金者の配偶者または扶養親族の住民票の写しおよび当該配偶者または扶養親族が貯金者の配偶者または扶養親族であることを明らかにする書類

[参考資料]

銀行取引約定書に盛り込む暴力団排除条項参考例の一部改正

銀行取引約定書に盛り込む暴力団排除条項参考例の一部改正

(下線部分が改正箇所。)

改　正　後	現　行
第○条（反社会的勢力の排除） ① 私または保証人は、現在、暴力団、暴力団員、暴力団員でなくなった時から5年を経過しない者、暴力団準構成員、暴力団関係企業、総会屋等、社会運動等標ぼうゴロまたは特殊知能暴力集団等、その他これらに準ずる者（以下これらを「暴力団員等」という。）に該当しないこと、および次の各号のいずれにも該当しないことを表明し、かつ将来にわたっても該当しないことを確約いたします。 1. 暴力団員等が経営を支配していると認められる関係を有すること 2. 暴力団員等が経営に実質的に関与していると認められる関係を有すること 3. 自己、自社もしくは第三者の不正の利益を図る目的または第三者に損害を加える目的をもってするな	第○条（反社会的勢力の排除） ① 私または保証人は、現在、次の各号のいずれにも該当しないこと、かつ将来にわたっても該当しないことを表明し、かつ将来にわたっても該当しないことを確約いたします。 1. 暴力団 2. 暴力団員 3. 暴力団準構成員 4. 暴力団関係企業 5. 総会屋等、社会運動等標ぼうゴロまたは特殊知能暴力集団等 6. その他前各号に準ずる者

【参考資料】

ど、不当に暴力団員等を利用していると認められる関係を有すること
4. 暴力団員等に対して資金等を提供し、または便宜を供与するなどの関与をしていると認められる関係を有すること
5. 役員または経営に実質的に関与している者が暴力団員等と社会的に非難されるべき関係を有すること

② 私または保証人は、自らまたは第三者を利用して次の各号のいずれにも該当する行為を行わないことを確約いたします。
1. 暴力的な要求行為
2. 法的な責任を超えた不当な要求行為
3. 取引に関して、脅迫的な言動をし、または暴力を用いる行為
4. 風説を流布し、偽計を用いまたは威力を用いて貴行の信用を毀損し、または貴行の業務を妨害する行為
5. その他前各号に準ずる行為

③ 私または保証人が、暴力団員等もしくは第1項各号のいずれかに該当し、もしくは前項各号のいずれかに該当する行為をし、または第1項の規定にもとづく表明・確約に関して虚偽の申告をしたことが判明し、私との取引を継続するこ

② 私または保証人は、自らまたは第三者を利用して次の各号のいずれかに該当する行為を行わないことを確約いたします。
1. 暴力的な要求行為
2. 法的な責任を超えた不当な要求行為
3. 取引に関して、脅迫的な言動をし、または暴力を用いる行為
4. 風説を流布し、偽計を用いまたは威力を用いて貴行の信用を毀損し、または貴行の業務を妨害する行為
5. その他前各号に準ずる行為

③ 私または保証人が、第1項各号のいずれかに該当し、もしくは前項各号のいずれかに該当する行為をし、または第1項の規定にもとづく表明・確約に関して虚偽の申告をしたことが判明し、私との取引を継続するこ

銀行取引約定書に盛り込む暴力団排除条項参考例の一部改正

との取引を継続することが不適切である場合には、私は貴行から請求があり次第、貴行に対するいっさいの債務の期限の利益を失い、直ちに債務を弁済します。

④ 手形の割引を受けた場合、私または保証人が第1項各号のいずれかに該当し、もしくは第2項各号のいずれかに該当する行為をし、または第1項の規定にもとづく表明・確約に関して虚偽の申告をしたことが判明し、私との取引を継続することが不適切である場合には、全部の手形について、貴行の請求によって手形面記載の金額の買戻債務を負い、直ちに弁済します。この債務を履行するまでは、貴行は手形所持人としていっさいの権利を行使することができます。
（免責・損害賠償規定を追加）

⑤ 前2項の規定により、債務の弁済がなされたときに、本約定は失効するものとします。

（注）上記は、全国銀行協会が2011年6月2日付け全銀協ニュースで公表した融資取引における暴力団排除条項参考例の一部改正です。

との取引を継続することが不適切である場合には、私は貴行から請求があり次第、貴行に対するいっさいの債務の期限の利益を失い、直ちに債務を弁済します。

④ 手形の割引を受けた場合、私または保証人が暴力団員等もしくは第1項各号のいずれかに該当し、もしくは第2項各号のいずれかに該当する行為をし、または第1項の規定にもとづく表明・確約に関して虚偽の申告をしたことが判明し、私との取引を継続することが不適切である場合には、全部の手形について、貴行の請求によって手形面記載の金額の買戻債務を負い、直ちに弁済します。この債務を履行するまでは、貴行は手形所持人としていっさいの権利を行使することができます。

⑤ 前2項の規定の適用により、私または保証人に損害が生じた場合にも、貴行になんらの請求をしません。また、貴行に損害が生じたときは、私または保証人がその責任を負います。

⑥ 第3項または第4項の規定により、債務の弁済がなされたときに、本約定は失効するものとします。

ＪＡ相談事例集　貯金取引

2012年11月15日　初版第1刷発行	監修者　桜　井　達　也
	編　者　経法ビジネス出版㈱
	発行者　金　子　幸　司
	発行所　㈱経済法令研究会
〈検印省略〉	〒162-8421　東京都新宿区市谷本村町3-21
	電話 代表 03-3267-4811 制作 03-3267-4897

営業所／東京 03(3267)4812　大阪 06(6261)2911　名古屋 052(332)3511　福岡 092(411)0805

制作／経法ビジネス出版㈱　下司恵久　印刷／あづま堂印刷㈱

©Keihou-business Shuppan 2012　　　　　　ISBN978-4-7668-4232-6
Printed in Japan

"経済法令グループメールマガジン"配信ご登録のお勧め

当社グループが取り扱う書籍, 通信講座, セミナー, 検定試験に関する情報等を皆様にお届けいたします。下記ホームページのトップ画面からご登録ください。
☆　経済法令研究会　http://www.khk.co.jp/　☆

定価はカバーに表示してあります。無断複製・転用等を禁じます。落丁・乱丁本はお取替えします。